JN195913

人生が劇的に豊かになる！

40代からの

新佛千治

講談社
日刊現代

はじめに

中古車投資といえば、フェラーリやランボルギーニなどの高級車や旧車、希少車を連想されると思いますが、この本に書かれているいわゆる中古車投資の対象は、プリウスや、ノア、ステップワゴンなどといった、あなたの身近に無限に走っている車のことです。はい、そう聞くと俄然興味が湧いてきませんか？

本書で紹介するのは、身近な中古車を対象とした、わずか１００万円程度から始められる投資術。大きな元手も不要なので、今、続々と新規参入者が増えています。

「人生１００年時代」という言葉は、昨今では一般的に使われるようになりました。

人類の寿命が延びた今、50歳はまさに人生のターニングポイントであり、後半戦の始まりなのかもしれません。そして、50歳以降の人生の行方を決めるのは、他でもない40代の在り方なのではないか――。

一方で、将来を見据えると老後資金の準備も必要でありつつ、目下は子どもの養育費に住宅ローンと出費がかさみ、将来の資産形成どころではないというのが、多くの40代の方々の悩みなのではないでしょうか。

また今の世の中、新卒の初任給も鰻登り。一体その元手はどこから出ているのかと考えると、割りを食うのは40代から50代の年功序列的に給与の高い層と言われています。

そして新ＮＩＳＡが始まり、投資信託や株式投資を始めた方も多いことと思いますが、実際のところどうでしょう。思ったほどうまくいかない、この先大丈夫だろうかと不安を抱えている人も少なくないでしょう。投資といえば不動産もありますが、多くの方にとっては未知の世界でしょうし、大きな資金も必要です。

そんな中、「中古車投資って何？　聞いたことないな」「車は好きだからもしかしたら……」と、興味半分で本書を手にしてくれたのではないかと思います。

ここでいう中古車投資は、投資の中では事業投資に当たりますが、ここ10年の間、多くの全くの未経験者、異業種からの参入者であってもわずか数カ月で安定して月１００万円以上の利益を継続して獲得し続けられる人や〝**人生を劇的に豊かに変えることができた人**〟を増やしてきた実績があります。

例えば株式投資やＦＸ、仮想通貨でいえば、チャンスを逃すまいと四六時中、株価のチャートに貼り付いたところで、所詮相場は自分に都合の良いようには動いてくれません。逆に常にチャートと対峙することで、日々の不安が増大し、本業の仕事も手につかず、その恐怖から判断を誤り、無駄で非効率な売買に時間と労力を費やして、結局自分の時間とお金を失っただけだったということも多いのではないでしょうか。何もしないで放置していた人が一番利益を残していたなんて話もよく聞きます。

チャートを見ていたところで状況は変わりません。株式投資などを否定するつもりも全くありませんが、本書で紹介する中古車投資は、**常に自分で状況を変えられる、自分で状況をマネジメントでき、リスクを最大限に減らしながら、意外と手間もかからないので本当に自由な時間を作れる**という投資術なのです。

「子どもと一緒に過ごせるのは今だけ」、そんな家族との時間を大切にしたい方はもちろん、本業がありつつも、なるべく一人でできる手のかからない新規事業を探している方、また自分の人生をここからガラッと変えていきたいという人にとっても挑戦し甲斐のある投資だといえます。

中古車投資がいかに利益を生み出しやすい投資法かを体感し、「人との豊かな関係性を築ける」「人から感謝される」という中古車投資ならではの醍醐味を味わってしまうと、きっとこの魅力に魅了され、あなたの人生までを大きく変えてくれることになるでしょう。

本書を読み進めてみると、中古車投資がいかに**これまでの投資法とは一線を画す投資スタイル**であるかということに、驚かれることでしょう。

「そんなうまい話が本当にあるのかな?・」と疑念を抱かれるのは承知の上ですが、物は試しと思い、エンターテインメントとしてもぜひ読み進めてみてください。

きっと、心沸き立つ未知の世界へとお連れできるはずです。

目次

第3章

第4章

【行動編】「中古車投資」で欠かせない8の裏ワザ——97

第5章

豊かな人生が手に入る！「中古車投資」がうまくいく人の7の特徴 —— 133

第6章

第1章

これからの人生がガラリと変わる！

40代がすべき投資は「中古車投資」

40代になったら投資の中身を吟味すべき

物価上昇に円安、そして超高齢化社会への突入と、日本の経済情勢は先行きが見えません。そんな中、給料と預貯金だけでは不安という声があちこちで聞かれます。

２０２４年は新ＮＩＳＡ制度がスタートしたこともあり、投資で将来の備えを築こうと行動し始めた人が急増しているようです。

あなたもおそらく、投資に関心があるから本書を手に取ってくれたのでしょう。40代ともなれば、さまざまな経験を積み、会社の中でも責任あるポジションを任せられるころです。そのため、仕事では少し余裕が出てくる人もいるかもしれません。

一方で家族を持っている人はこれから発生するであろう将来の学費の準備も必要ですし、リタイア後の生活費のために少しでも多くの資産を作っておこうという気持ちが湧いているころだと思います。

そのため、投資についても経験を積んでおきたい、そう思っている人も多いのではないでしょうか。

「周囲の人も始めているし、新ＮＩＳＡもあるから株式や投資信託への投資が無難なのでは」と考える人もいるようですが、はたしてその選択が最善なのでしょうか。

少し立ち止まって考えてみると、必ずしもそれが自分に合っているとは限りません。

所詮投資なんて、将来の不安解消へ向けての一つの手段にすぎません。

投資信託のようにただ他人任せに、長期にわたって財産を運用することももちろん間違ってはいませんが、せっかくのお金を１％や頑張って３％程度の少ない利回りのために寝かせておくことは損失でしかない、という考え方もあるのではないでしょうか。

もちろん、これまで投資なんてやったこともなく、1円でも目にみえる損失が出るのも許せないという方に積極投資を無理におすすめすることはありません。

しかしながら手元に500万円から1000万円程度の余裕資金があり、現在行っている事業の他により効率の良い投資先を探している方にとって、この本でお話しする中古車投資はきっと魅力的に映るのではないでしょうか。

現在の手持ち資金の価値を最大化させてくれる。そして将来だけでなく今この時も豊かにしてくれるかどうか。そんな観点で投資先を吟味してみてはいかがでしょう。

中古車投資に限らず、きっとこれまでにない選択肢に巡り会えることでしょう。

人気の投資信託は「時間がかかる」というデメリットがある

投資とは何か、今一度振り返ってみましょう。広辞苑を開くと、次のように記されています。

とう-し【投資】

利益を得る目的で、事業に資金を投下すること。出資。

比喩的に、将来を見込んで金銭を投入すること。

元本の保全とそれに対する一定の利回りとを目的として証券（株券および債券）を購入すること。

経済学で、一定期間における実物資本の増加分。資本形成。


要は、投資とは利益を見込んで自己資金を投じることを指すわけです。ただし、必ずリスクを伴います。

一般的には期待できる利益が確約されていないのはもちろん、元本割れするリスクもはらんでいます。

「投資」と聞いて最初に想起するのは、やはり株式や投資信託などの金融資産投資ではないでしょうか。金融資産投資は、該当する国や企業などに対して、経済成長を期待しながら投資するのが一般的です。

中長期的な視点を持って、少しずつ資産増を目指すのが主流ですが、短期売買での儲け、つまりキャピタルゲインを狙うものもあります。

次に思いつくのは、不動産投資でしょうか。不動産投資は大きな元手を要するのが特徴。金融資産投資と同様に、短期売買でもなければ手間がかかる割にハイリスクという側面も持ち合わせています。

昨今は、ジャパニーズウイスキーがプレミア価格で取り引きされているようですが、ウイスキーやワイン、アート、貴金属などに投資するのは実物資産投資です。将来的に価格が高騰しそうなものを見抜く眼識が必要で、さらに価値が上がるまでの時間を考えると、よほどの余裕資金がないと手が出せません。

企業が新規事業を立ち上げたり事業を拡大したりするときに投資をするのは、事業投資です。事業投資も、大きな元手がかかるのが一般的。一度でも事業を行った方であれば、自身で実際のお金の流れをマネジメントできるのでこちらが投資としては最も合理的ではないでしょうか。

他にも、ベンチャー投資や自己投資など、世の中はまさに「投資」があふれています。

今のかけがえのない時間を大切にしながら、将来に向けて豊かな日々を送るための投資とは？　基本的には、次の４点を満たしている必要があるでしょう。

今を大切にしながら将来を豊かにしていくための理想的な投資のポイント４点

1．元手が少ない

元手となるお金が少なければ少ないほど、よりハードルが低く始められます。とはいえどんな投資でも、ある程度の手持ち現金は必要です。

2．流動性が高い

すぐに売買しやすいものほど、長い時間を要さずにリターンを期待できます。また手仕舞いが即できることも重要です。

3．手間が少ない

知識や経験を養うような事前の準備、投資中の手間が少ないほど、自由な時間が増えます。

4．リスクが低くリターンが大きい

ハイリターンの投資は、ハイリスクであるのが一般的。しかし、リスクはなるべく低く抑えたいですよね。将来にわたって投資金額以上の負債を負うこと、これが一番のリスクだと考えます。

＊

また、投資には一人で向き合うのが普通ですから、仲間や先人がいればなお良いというところではないでしょうか。

しかし残念ながら、先ほど紹介したさまざまな投資は、どれも４つのポイントすべてを満たしてはいません。どれも難点があるのです。

資産を増やすのに時間がかかるものは、今を潤してくれません。大きな元手が必要なものは、投資可能な人が限られています。

知識や経験がなければいけないものは、学ぶ手間も時間もかかるでしょう。さもなければ、大きなリスクを抱えることになってしまいます。

現代で主流となっている投資がこのような状態ですから、「そもそも、この４つのポイントをクリアする投資は世の中に存在しないだろう」、そう思いたくなるのも無理はありません。

しかし実は、本書で紹介する中古車投資は４つすべてをクリアしています。

少ない元手でできますし、流動性は高く、大きな手間はかかりません。そしてリスクも非常に低い、そういう投資なのです。

まさに、手持ち資金を効率よく回転させながら利益を獲得していきたい。何より今はもちろん将来も大事にしたい。最終的にお金はもちろんそれ以外の〝何か〟を積み上げていくことで将来の不安を希望に変えていきたい。そういう人にぴったりな投資法こそ、この中古車投資です。

新時代を築く投資こそ、中古車投資

中古車投資と聞くと、「高級車の世界では」「車のマニアックな知識が必要そう」という印象を抱く人もいるでしょう。しかし、そんな話をするつもりはさらさらありません。

私がいわんとする中古車投資は、もっと身近なものです。外の景色にひと時目を向けてみてください。道路があるなら、車が往来してはいませんか。そう、その車です。

普段、目にしている普通の車を対象とするのが、本書で紹介したい中古車投資です。

先ほど紹介した投資の中では「事業投資」にくくられるかもしれません。

自分の人生を豊かにする手段にもなり得るので、人によっては個人投資と捉える方もいるかもしれません。前述したいわゆる骨董品や美術品などの実物資産投資と混同しないようにご注意ください。

中古車投資の中身を紹介する前に、中古車市場の現状について確認しましょう。

コロナ禍で中古車の需要は急拡大

2019年の末に始まった新型コロナウイルス禍で、新車の供給が激減しました。

それまでは在庫車でなくても1～1・5カ月ほどで納品されるのが通常でしたが、ほとんどの車種が3カ月以上、車種やグレードによっては半年や1年以上になることも。

主な原因は半導体不足です。米国・中国の経済摩擦も手伝い、半導体は世界的に足りない状況となり、車の生産および販売は停滞しました。

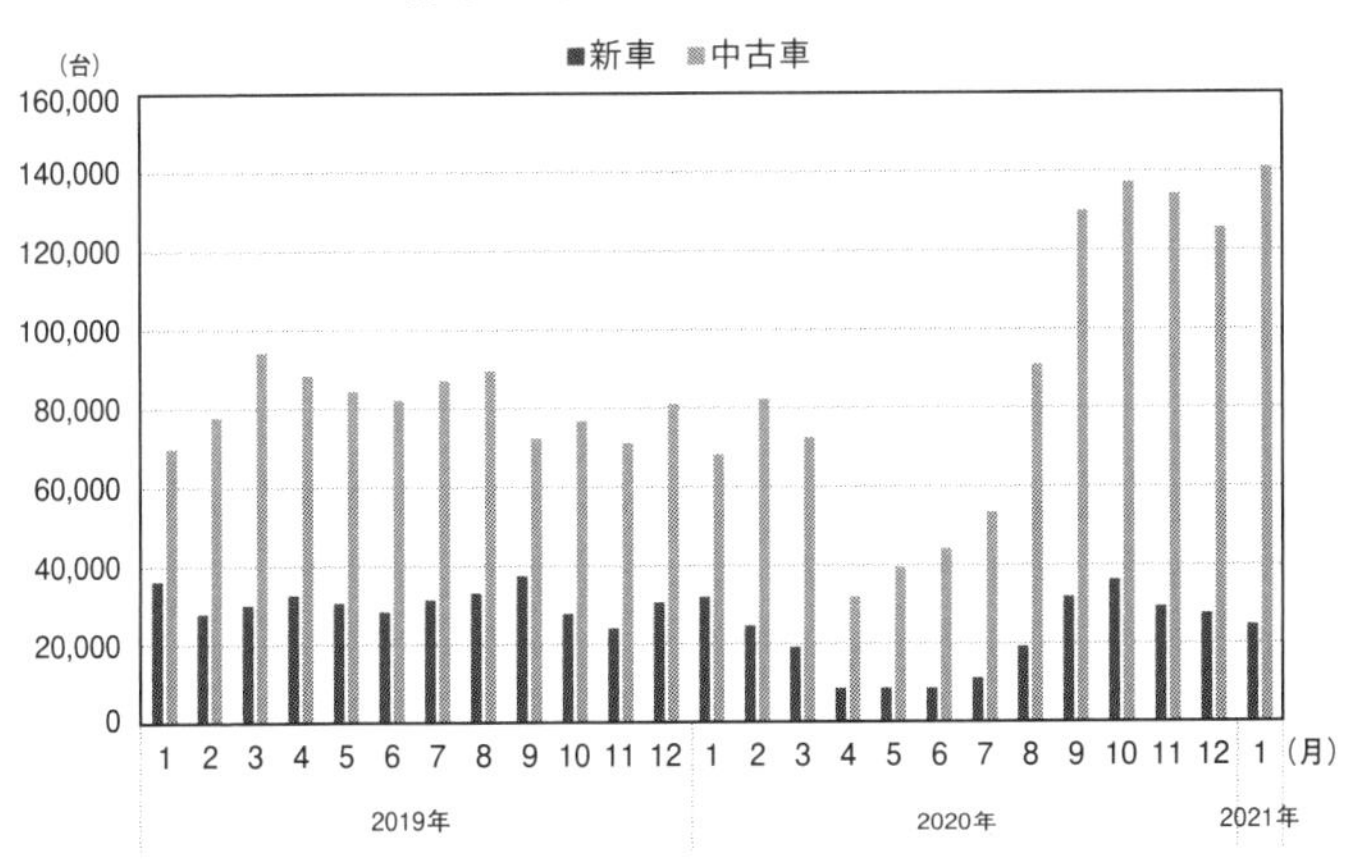

出典：チリ全国自動車産業協会（ANAC）
2021 年２月３日付「El Mercurio」紙の掲載データをもとに作成

そこで需要が高まったのが中古車です。車を日常使いしている人にとって、車はもはやインフラの一つ。いつも新車を選んでいる人も、この状況によって中古車を選ばざるを得なくなったのです。

また、新車の購入台数の減少に比例して、新車販売時の下取り数が減ったことも、中古車の価値を高める要因となりました。

新車購入のハードルは今なお高い

中古車の需要は、コロナ禍による急騰が一度落ち着いた後、引き続き上昇傾向をたどっています。

大きな原因は、やはり大手自動車メーカーの検査不正に伴う新車生産の停滞。また、円安による輸出増も新車の供給減に拍車をかけています。

同時に、新車の価格が上がっていることにも言及しなくてはいけません。

トヨタプリウスの価格は、2003年にフルモデルチェンジで登場した2代目が、最上級のGツーリングセレクションでも税込269万8500円。一方、現行の5代目は、中級グレードのGが320万円です。2代目の最上級グレードと比べても、1.2倍になっています。

ホンダステップワゴンだと、2003年当時売れ筋のIが220万2900円だったのに対し、現在は最安の1.5Lターボのエアでも305万3600円と、優に1.3倍超え。

大きく値上がりしているのは、この2車種に限ったことではありません。国産の新車は、ここ20年で1.2〜1.5倍近くも値上がっています。

しかし知っての通り、平均給与所得は20年前と比べて下がっているのです。これでは、新車が欲しくても手を出せない人が増えても当然でしょう。

中古車の質が上がっている

これはコロナ禍前からいえることですが、残価設定ローンの普及が進んでいることも、中古車市場が活性化している要因の一つです。

残価設定ローンとは、将来の下取り価格を差し引いた金額に対してローンを組んでいく方法です。つまり、通常のカーローンより月々の支払額を抑えられるのが特長。少ない負担でワンランク上の車種を選択できるメリットがあることはもちろん、事業を行っている方にとっては、残価設定ローンを選択することで現金を手元に置いておけるので、キャッシュフローを考えるとまさに合理的な選択でもあるといえます。

残価設定ローンの期間は3年や5年から選べますが、あらかじめ決めた年数に達したら、残価を支払わない限りその車は手放さなければなりません。しかも、評価が下がれば差分の金額を支払わなければならないので、大事に乗る人が多いのです。基本的に定期点検などの車のマネジメントは正規ディーラーが管理するので、残価設定ローンで買われた中古車は年式が新しくきれいなケースが大半です。

新車の供給が良質な中古車の市場を作り、中古車という市場で中古車相場が形成されることにより、新車の市場を支えているという構図。**新車が販売され続ける限り、中古車のニーズがなくなることはありません。**

買取り業者への不信感は募る一方

新車市場を底支えしている中古車市場ですが、一方で業者の方はというと、残念ながら良い状況とは決していえません。

中古車販売・買取り業者が社会から最も大きな注目を集めたのは、大手「ビッグモーター」の不正です。２０２３年夏に明るみに出たとは思えぬほど、記憶に新しい読者も多いのではないでしょうか。

修理を行う板金部門が損害保険会社に不適切な保険金請求を行っていたことに加えて、同社への売却契約後に査定額から大幅減額されたなど、ユーザーから悲痛な声がたくさん寄せられていることも報道されました。

ビッグモーターがおよそ10年で売り上げを8倍に伸ばし、事業を急速に拡大できたからくりは、不正にあったわけです。

しかし、中古車販売・買取り業者へのクレームはビッグモーターに対するものだけではありません。

- **売却のキャンセルが不可能**
- **強引に契約を迫られる**
- **契約成立後に減額される**
- **売却代金が入金されない**
- **返金請求される**

これらを含め、消費者センターや専門家には、ビッグモーター以外への相談もさまざま寄せられているといいます。

そもそも中古車買取り・販売業というのは、ユーザーからの下取りや買取り、オートオークションで仕入れた車にマージンを乗せて販売する手数料ビジネスです。

つまり、中古車1台1台に乗せる利益を高額にしないと、急成長は不可能。それにもかかわらず、中古車買取り業はレッドオーシャン状態。有象無象含めて競合他社がひしめいているので、価格競争にならざるを得ないのです。

もちろん、かつて中古車買取り業者が行ってきた悪行は、ユーザーの信頼を失う行為ですから許されないことです。しかし、単体の会社ではなく、これまで築いてきた業界の仕組みそのものに問題があるのではないかとも思います。はい、ここにチャンスがあります。

今こそ中古車投資を始めよう

本書で紹介する中古車投資は、私自身の経験をもとに、誰もが挑戦できるよう徹底的にシンプルな形に仕組み化した新しい投資術です。とはいえ、すでに10年以上の歴史を持ち、そこから生まれた多くの実績がこの投資術の合理性を裏付けています。

かくいう私も、中古車と関わり出したきっかけは、全くの未経験から中古車輸出業を始めたことでした。そんななんとなく踏み出した一歩が人生を変えてくれたのです。

ひと口に中古車輸出といっても、まずは販売する車を仕入れるところから始めなければなりません。車の仕入れ場所は、オークション会場です。

しかし、オークション会場では、中古車輸出業者はもちろん、国内の中古車販売業者が1台の車を血眼になって競り落とそうと躍起になっています。

例えばそれぞれの輸出業者が競り落としたい車は、販売したい国、すなわち仕向地の輸入規制に合致した車であるため、車種、年式、コンディションが被ります。そのため、ニーズが高ければ高いほど価格は吊り上がります。これは当然、国内販売向けの車においても同じことがいえます。

オークション会場で仕入れるためには、どの業者よりも高く入札しなければなりません。それはつまり、競合するどの業者よりも高く仕入れることになります。

競合相手より一番高く仕入れて、売るときには一番安く売ることを求められる。

この中古車販売が持つジレンマについて、自分なりに打開策をあれこれ考え挑戦を試みましたが、結局のところ中古車の輸出業は失敗に終わりました。

オークション会場で仕入れるものが高いのであれば、仕入れの場ではなく売りの場として考えるのはどうか——。そこで私はこう発想を転換してみました。

オークションで販売する車をどこから仕入れるかというと、ユーザーから買うことになります。ユーザーから買うのであれば、こちらから出向くのが一般的なため店舗は必要ありません。

店舗がなければ、固定費を限りなくゼロに近づけられ、店舗型の中古車買取り業者よりも優位になります。浮いた分をユーザーへの支払い価格に還元すれば、ユーザーの満足度は一気に向上するでしょう。

この発想が、私にとって大きな転機となったのです。詳細は後述しますが、実際に事業を始めると狙い通り。まもなく軌道に乗り始めました。

創業からわずか数カ月で、一人でマンションの一室で月に100万円以上の利益をコンスタントに獲得できるようになったのです。それも自分の時間を有意義に使いながら、「今を最高に楽しみながら」です。

そこで私は、**「この働き方を多くの人に伝えたい。もっと今を大切にしながら豊かな人生を送れる人を増やしていきたい。そうしていくことで、中古車買取り業が抱えているさまざまな問題を解決しながら、世の中を変えていけるのではないか」。**そう考えたのです。

こうして生まれたのが、「クルマ買取りハッピーカーズ®」です。創業から10年を経て、基本的に生業型のフランチャイズ、いわゆる一人稼働型のビジネスモデルとして成長を続けてきましたが、ここへきて、あることに気がついたのです。

例えば手持ち資金の少ない人は、低額車両からスタートして台数をこなし、リピーターを増やし続けることで利益を拡大していくことが可能です。実際にそういった少資金の方が加盟して、多くの成功事例を生み出してきました。ここにクルマ買取りハッピーカーズの大きな価値があることは確かです。

また最近の成功事例として、不動産や保険などのビジネスを持っている人では、自分の人脈の中だけでこのビジネスを成立させるケースも出てきました。ある程度の資金力と人脈があれば、非常にスムーズに軌道に乗せることができるのです。

つまり、**「車は最も効率の良い投資商品なのではないか」**ということです。

車を投資商品と考えると、フェラーリやランボルギーニ、クラシックカーなどを思い浮かべますが、実はその辺を走っているトヨタカローラやハイエースはもちろん、ワンボックスのファミリーカーや軽トラックですら、投資商品として価値があるのではないかと考えたのです。

中古車を投資先として見てみると、もっと面白くなるはず。そんなふとした思いつきから、本書では中古車投資についてクルマ買取りハッピーカーズ的思考でまとめてみました。

第2章

40代が「中古車投資」を始めるべき理由

40代が「中古車投資」を始めるべき理由①

業界未経験でもできる！

中古車投資は20代からシニア層まで、どの年代の方でもできる投資法です。しかし、本書でおすすめしたいのは特に40代。本章では、その理由とともに、クルマ買取りハッピーカーズの中古車投資の特徴を紹介していきます。

まず挙げたいのは、業界未経験でも問題ないということ。知識や経験は不問です。

現在、クルマ買取りハッピーカーズのフランチャイズに加盟しているオーナーは幅広く、不動産業や飲食店業などの経営者もいますし、全く車とは関係のない業界に属していて脱サラして新たに始めた人もいます。中には、会社勤めをしつつ副業で取り組んでいる人もゼロではありません。

投資経験もまちまちです。車に対する知識の深さも経験の量、そして手持ち資金も人によって全く異なります。

面白いことに中古車投資には、成功する人の傾向やバックグラウンドとは何も関連性がないのです。

40代になると、会社勤めの方も社会人歴が20年以上となり、ビジネスとは何なのかが理解できて落ち着いてくるころではないでしょうか。

人によってはマンネリを感じ、刺激を求めているかもしれません。まさに新しいことにチャレンジするのにちょうどいい時期です。

しかも知識も経験もいらないのは、40代にとって大きな魅力として映るでしょう。

では、なぜ知識も経験も不要なのでしょうか。

その理由は、クルマ買取りハッピーカーズには、中古車投資で難しいとされる、次の2つのノウハウがすでに整っているからです。

誰でも簡単に査定できる仕組み

かつて、中古車の買取り業者はそれぞれの規則と経験、そして勘はもちろん、相場本を基に査定をしていました。そのためこれまでは、中古車業界にまつわる深い知識や経験がなければ査定は困難だと思われていました。

しかし、本書ですすめる中古車投資は、**査定する人の知識や経験は一切必要ありません。**なぜなら、簡単かつスピーディーに査定できるシステムを構築済みだからです。これはスマートフォン（以下、スマホ）が1台あれば利用可能です。

詳しくは第3章で説明しますが、スマートホンにダウンロードした専用アプリのみで、査定から買取り、売却までワンストップで行えるシステムがあれば、自分にもできそうだと思いませんか？

集客方法のノウハウ

どんなビジネスも、需要と供給がなければ成立しません。中古車投資で重要なのは、需要と供給の上に相場が作られていることを、まずは理解することです。車を売りたい人、買いたい人、その思惑の合致するところが実際の取引額であり、そこから相場が形成されていきます。

どの車がいくらで売れているか、どこの国のどのような人に売れているか、それらを見据えた上で、売却したいユーザーに適切な金額を提案し買取りしていく。そしてオークション相場をベースに、小売りではなく卸しとして売却し、利益を獲得していくという行為を、本書では「中古車投資」と定義しています。

つまり私たちが行う中古車投資では、投資対象である中古車は一般の市場で調達しません。一般の市場とは、いわゆる中古車販売店が仕入れを行うオークションや、一般ユーザーが購入する自動車ディーラーや中古車販売店のことです。

では、どこで私たちは、投資対象である中古車を仕入れるのか？

答えは一つ、**ユーザーから直接、買取りを行います。**下取りやオークションに出る前のフレッシュな車を、ユーザーから直接仕入れます。

いわば、漁師がまだみんな寝ている間に船を出し、朝のうちに水揚げした新鮮な魚を市場の競りで売るように、一般ユーザーから買取りした車を中古車市場の競り場、つまりオークションで売却していくことが、私たちの主な活動となります。

どこで集客するかも気になるポイントでしょう。

仕入れ先である一般ユーザーとどう接点を持っていくかですが、それについては、過去10年の間に蓄積された多くのナレッジがあります。

これは単に、誰か一人が街の1店舗で得た10年のノウハウではありません。**全国100以上ある私たちの加盟店オーナー全員で積み上げてきたノウハウがナレッジとして共有されているのです。**単なるラッキーや、あの人だからできた、ではない、本当の意味での実績によって洗練された事実のみが共有されているのです。
中古車買取りのビジネスを、あえて中古車投資と言い切れる自信はそこにあります。

他の投資で失敗した人も挑戦する価値あり

本書で紹介する中古車投資は、孤独な作業になりがちな投資の世界に一石を投じる存在だと自負しています。

横のつながりを生み出す新たな形こそ、中古車投資です。一人で行う従来の投資とは違った、「成功事例を吸収して、成長できる投資」といえるでしょう。

40代が「中古車投資」を始めるべき理由②

資金効率が良い！

40代ともなると、いくつか投資経験があり、資金効率の良さが大事であることを痛感している人もいるだろうと思います。資金効率の良さは、確かに無視できないポイントです。特に、大きな金額を投じるときほど、「早く回収したい」と気持ちがはやるのではないでしょうか。

一般的な車の小売り販売では、「仕入れ」「広告出稿」「客付け」「商談」「納車」と多くの工程が必要になります。

売り上げが立つまでに何カ月もかかり、ユーザーからのオファーがなければ、いつまでも身動きが取れず資金は寝たままになります。売れるまでの間は、車を置いておくのに駐車場代などの管理費もかさむことから、中古車の小売り販売は、資金力のある業者向けのビジネスだといえます。

しかし、本書で紹介する中古車投資には、**そうした資金効率にまつわる問題はありません。**なぜなら、次の2つのポイントを押さえているからです。

最短2日で利益が出る？

「最短2日で利益が出る？」という見出しを見て、「そんなことが可能なの？」と思った人もいるはずです。

確かに世の中に存在する投資は、投資をしてから収益化するのにそれなりの期間を要しますので、驚くのも無理はありません。

前述した車の在庫販売だけでなく、例えば不動産投資もこれほど早く収益化はできません。物件を購入してから家賃収入を得るまでには、入居者募集はもちろんのこと、時には工事を要することもあり、かなりの時間とコストがかかります。

株式投資も変動要素が強いわりに、利益が出るまでは時間がかかるもの。かなり大きなリスクを取らない限り、それなりの利益を出すには数カ月、数年単位の時間がかかるのが一般的です。

しかし、**中古車投資であれば最短2日で利益が出ます。**これは決して、誇大表現ではありません。

その理由は、「小売り」ではなく「卸し」に特化しているからです。小売りベースでは売れるのを待つ時間が必要になるので、ここまで早く利益を出すことは不可能でしょう。この圧倒的な流動性の高さこそが、この中古車投資の魅力なのです。

一般ユーザーから買取った車を、小売りではなく中古車流通のオークション会場に持ち込むことができたらどうでしょう。

中古車流通のオークションは、場所によって曜日が異なるものの、ゴールデンウィークやお盆、年末年始などを除いてほぼ毎日どこかしらで開催されているので、無休であるのと変わりありません。

出品した車が売れると、書類を提出した翌日には、オークション業者から落札額が振り込まれます。つまり、買取った日にオークション会場へ持ち込み、翌日売れたら、２日後には売り上げが入るということになります。

日本の中古車流通のオークション会場は、検査やルールが厳格に定められているので、出品業者も落札者も、大きなトラブルに見舞われることはほとんどありません。

良いことずくめのようですが、実際のところオークションに参加するのは簡単ではありません。入会審査は厳しく、複数人の保証人や実店舗での販売実績も必要となるので、一般の人の参加は正直なところ難しいのが現実です。

手離れがいい

クルマ買取りハッピーカーズを活用する中古車投資は、買取った後の工程がシンプルで、かつ手離れがいい点も魅力です。先ほどの通り、一般ユーザーから買取った車はオークションでの相場価格で売れるので、販売先を探すコストや在庫負担が不要です。

自分で運転して運ぶもよし、陸送してくれる輸送業者に依頼するのでも構いません。会場に持ち込みさえすればほぼ完了なのです。

でも「売れないと面倒なことになるのでは」と考える人もいるかもしれませんが、売れ残って引き取りに行かなければならないようなことはまずありません。

不人気車だから、事故車だから、不動車だから。売れなさそうな理由はいくらでも挙げられますが、心配は無用です。不人気車はもちろん、事故車や不動車でもそれぞれを狙っている業者が存在しており、事故車なら事故車の相場が、不動車なら不動車の相場を形成していて、その流動性の高さはどの状態の車でも何ら変わらないからです。

さらにはクレームがほぼないことも魅力の一つです。その理由として、**車を売ってくれたユーザーに渡すのは現金のみで、クレームの対象になり得る物を渡しているわけではない**という点が挙げられます。

もちろん、その支払いを行わなかったり減額を求めたりとなれば話は変わりますが、それはそもそもクレーム以前の問題です。

中古車を一般ユーザーに販売したときに考えられる「不具合があった」「使い方が分からない」「写真と違う」など、小売り店でありがちな時間もお金も奪われていくような理不尽なクレームは生じないので、契約した額を約束通り支払いさえすれば問題の発生する要素がないのです。

これほどまでに、資金効率の問題がクリアになっている投資はなかなかないでしょう。

効率的な運用によって着実に資産を積み上げられるので、資金力に自信がない人にもおすすめできる投資手法です。少ない資金で早く確実に収益化できる投資を探しているなら、注目すべき選択肢といえるでしょう。

40代が「中古車投資」を始めるべき理由③

資金力と時間に合わせて勝負できる！

投資をするとき、どのくらいの資金を要するか、管理や分析などにどのくらいの時間が必要になるかも気になりますよね。

お金も時間も、どのくらい確保できるかは人によって異なります。特に40代は、子どもの学費など、倍々に増えていく時期でもありますので、自由になるお金があまりない人も多いのではないでしょうか。

40代ともなれば、独立して会社を経営している人も多いでしょう。経営では業績把握に人材関連、そして商品力など考えることは山ほどあります。新規事業や投資に時間を割ける人ばかりではないはずです。

しかし、本書で紹介する中古車投資であれば、資金力も時間も多くを求めません。柔軟に対応できるので、事業規模に合わせて一人で少しの時間から取り組めます。

自身の身の丈に合った中古車を買取れる

中古車とひと口にいっても、価格は「メーカー」「車種」「状態」などによって千差万別です。つまり、高い車もあれば安い車もあります。

大きな資金を用意できないときは、自分の資金内で買える車だけを買取る方法だってあります。

例えば50万円の中古車の利益率を仮に10%とすると、1台買取れば手元に5万円が残ります。そうすれば次は55万円の車まで買取れます。10回、20回と買取っていくにつれて、自己資金が増えるのに比例して買える車の価格も上がっていきます。

手持ち資金が増えるほど高価格帯の車を買う機会を逃すことが少なくなるので、必然的に利益は増えていく傾向にあります。

また「中古車投資を始めたい」と家族に相談した際、難色を示されることもあるかもしれません。そんなときも、「スモールスタートでまず試したい」と言えば、理解を得やすいでしょう。実際、多くの方が手持ちの現金500万円以内でスタートしています。

空き時間を自由に使える

ここでいう中古車投資は、ユーザーに来てもらうのではなく、こちらから出向く出張型です。つまり店舗がいらないので、お店を開けてただ座っているだけのような、無意味な時間も従業員も不要なのです。

売りたい人のところへ行ったら、15分程度で査定し金額を提示するだけなので、20~30分あれば交渉は完了します。

また、46ページで説明した通り、買取った後は車を24時間搬入可能な最寄りの会場へ持ち込み、手続きを済ませるだけ。自分で車を走らせたとしても、長時間、拘束されることはありません。

さらに良いのは、**どのプロセスも自分の都合で時間帯を調整できること。**商談の日時はユーザーと相談して決めることになりますが、こちらから希望の日時を提示することも可能です。長期休暇だって、自分の決断一つで決められます。

自分の時間は決して1分たりとも無駄にすべきではありません。その点についても中古車投資は、タイムパフォーマンスが圧倒的に優れています。まずは家族との時間や余暇を楽しむ時間を第一に考え、そこから行動の優先順位を決めていくことが可能となります。

もちろん中古車を買いに行く時間、移動する時間、ユーザーとコミュニケーションをとる時間まで楽しめると考えれば、もはや1日の中で仕事の時間とプライベートな時間を分けて考えることすらナンセンスになるかもしれません。

中古車投資は自分のペースで取り組めますので、人生における大切なことから優先順位を付けることができます。

40代が「中古車投資」を始めるべき理由④

人生経験を生かせる！

40代の方は、さまざまな社会人経験を積んでいるでしょう。中には異業種への転職経験のある人もいるでしょうし、転職はしていなくても1社の中で複数の職種を経験した人は少なくないはずです。まさにこの幅広い社会人経験、つまり人生経験こそ、中古車投資では武器になります。

ここまで記してきた通り、中古車投資の仕組みは非常にシンプルです。業界についての知識や経験を必要としないので、未経験でも参入しやすい投資ビジネスですが、実を言うと誰がやっても同じ結果になるわけではありません。

成功する人の共通点は、これまでの人生経験で得たものをうまく生かしていること。これまで培ってきたさまざまな経験を活用することで、利益獲得のスピードを加速させているのです。

中古車業界での経験は一切必要ありません。では、人生経験のどういった部分が中古車投資に生かせるのか——。

それは、大きく分けて２つあると考えています。

過去に獲得したビジネススキルを生かせる

中古車投資のキモは、仕入れ先である「車を売ってくれる人」を見つけること。販売先は決まっているのですから、仕入れさえうまくいけば成功は約束されたようなものです。

仕入れ先であるユーザーを集めていくことを、ここでは分かりやすく「集客」と言います。集客で物を言わせるのは、ビジネススキルです。

中古車投資における集客に、正解はありません。ノウハウはあっても一本化されたマニュアルはないので、個々の得意分野を存分に発揮するのがチャンスを生む秘訣なのです。

例えば、営業の仕事に従事しているなら、コミュニケーション力を生かしてさまざまな人に会いに行きアピールすることだってできるでしょう。SNSマーケティングに携わっているなら、SNSを駆使して集客すると成功確率が上がるはずです。

ここで言いたいのは、**単に、直接的にビジネスにつながりそうな経験だけが生かせるわけではない**ということ。あらゆる経験や体験を、あなたの個性として有効化していこうという話です。顧客に物を売る商売ではない分、これまでの「物売り」の概念を覆すことができます。

これまでの社会人経験を踏まえて、自分らしい集客方法を構築するのは、楽しいものです。何より勘が働く分成功しやすく、モチベーションが高まりますし、これまでの自分の人生が肯定されたような気持ちにもなるでしょう。

自分なりにいろいろと試し、効果があった手法をSNSや懇親会でクルマ買取りハッピーカーズのオーナーたちと共有すれば、仲間と高め合っている実感を得られるはずです。

あなたがこれまで培ってきたスキルは、あなたはもちろん周りの人の利益をも創出していきます。喜びとともに、あなた自身に大きな富をもたらしてくれるに違いありません。

人脈を生かせば、さらに広げられる

40代は、人脈が多岐にわたってくるころでもあります。事業を行っていれば、その顧客と取引先、会社員であれば同期がいますし、これまでお世話になった上司、そしてたくさんの部下や仲間を持っていることでしょう。

パートナーがいればパートナーの友人家族、子どもがいれば子ども会や習い事でも新しいつながりが生まれるでしょう。セミナーや勉強会で出会った仲間や、趣味がきっかけのつながりがある人もいるはずです。

そういったさまざまな人脈も、中古車投資にとっては強力な武器となります。「はじめまして」と中古車買取りの営業をする場合は、まず自分を知ってもらい信頼を得るところから始めなければなりません。しかし、すでに関係が築かれている相手なら、「中古車を高く買取れる」と伝えるだけで、気軽に相談されるでしょう。

これが何か物やサービスを売るような、営業的な声がけであればどうでしょう？　下手をするとこれまで培ってきた友人を失ったり、人脈崩壊をもたらしてしまうことも考えられます。

では中古車買取りの声がけだとどうでしょう？　これこそが中古車投資の大きな魅力でもあります。**「高く買取れる」というのはユーザーにとってメリットしかない提案なので、感謝しかされないのです。**「中古車買取りを始めた」とみんなに伝えていくことで、友達も人脈もむしろ増えていくでしょう。

特に気心が知れた間柄からは、「私の友人で車を売りたい人がいるんだよね」「車をどこで売ればいいか悩んでいる友達がいるんだけど、ちょっと相談に乗ってあげてくれない？」と、声がかかることもあります。

人づての紹介で、顧客を増やせるようになればしめたもの。その実績をベースに口コミであなたのうわさは広まり、どんどん新しい輪が大きくなり、見る見るうちに成果が上がっていくでしょう。

40代が「中古車投資」を始めるべき理由⑤

継続して利益を得られる！

一般的に投資は、将来的な資産の成長を期待できる反面、価格変動や市場の不確実性によって、損失を被るリスクも負わなければなりません。

投資の世界では、長年にわたって積み上げてきた利益を、一瞬ですべて溶かしてしまったといった失敗談はあちこちにあふれています。

だからこそ、投資のノウハウは誰もが欲しく、さまざまな人が発信しているのでしょう。

ファンダメンタルズや経済指標のデータ分析など、実に多種多様な方法論が存在しているのは、「どうやったらリスクを回避できるか」「被害があったとしても最小限に抑えるにはどうしたらいいか」と考える人が多いことの証しだと思います。

一般的な投資では常に状況を分析し、目を光らせていなければなりません。ところが中古車投資は、経済に精通している必要はありません。「中古車業界の経済状況や自動車のトレンドなどの情報は、最低限、必要なのでは」と思うかもしれませんが、それさえキャッチアップできていなくても、継続して利益を生み出せます。

週1開催！　超短期の売買だからリスクが少ない

近年、若者の車離れが叫ばれる一方で、中古車の買取り市場は約3・9兆円という圧倒的な規模で推移しています。

加えて中古車投資は、安定した販路が確立されているのも大きなポイントです。

特筆すべきは、**オークションはそれぞれの地方のどこかで毎週開催されていること。**前日に搬入すれば翌日売れることになりますし、最長でも7日以内には競り落とされるので、およそ1週間程度で買取ったお金を利益付きで回収可能なのです。

また、中古車を求めているのは、日本の中古車販売店だけではありません。国内の中古車販売店のみならず、海外輸出をビジネスとしている世界中のバイヤーも集まっています。

日本中古車輸出業協同組合がまとめた資料によると、２０２３年7月における中古車の輸出台数は前年同月比で41・３％増加。２０２３年１月から7月までの輸出台数は、前年比１２５％まで成長しています。

日本から海外への中古車輸出ビジネスは、昨今生まれた新しいビジネスでないにもかかわらず、今なお安定した需要があって成長を続けているのです。

その理由は、海外の市場規模が広範囲であるから。

実際のところ、日本の中古車相場は外国人が支えているといっても過言ではありません。円高、円安にかかわらず、海外勢の買い意欲はここ数年勢いを増しています。

つまり、自分が買取った車が売れなくて困ることはまずありません。競り落としたい人であふれていますし、専門的な知識や最新の経済情報は私たちがしっかりと把握しているので心配は無用です。

顧客の信頼は勝手に暴落しない

一般的な投資が人にストレスを感じさせるそもそもの根源は、「誰も予測できないような動向をすることがある」「予測できない動向が利益に反映される」、この2点に尽きるのではないでしょうか。

いつ大暴落が起きるかは、一流の投資家や経済評論家も決して正確には予測できません。もちろん、一般人も不可能です。

大暴落がいつ何時やってくるか分からないと思いながら過ごす日々は、投資をしている人の心の余裕を奪っているに違いありません。恐怖を感じながら過ごす毎日は、まさに幸せな日々の対極にあるといえるでしょう。

一方、中古車投資の利益は、経済的な事情ではなく「車を売ってくれる顧客との信頼関係」に依存しています。

信頼は、一朝一夕に築けないものであると同時に、誠意を持って向き合っていればそう簡単に崩れることはありません。

信頼を構築するのは、経済ではなく自分自身の姿勢であり言動です。だからこそ、自分しだいでいかようにも変えられます。

他者は変えられなくても、自分なら変えられる——。だからこそある日突然、一気に信頼が崩れることは考えにくいでしょう。信頼は勝手に暴落しないのです。世界中で車を日常的に必要とする生活者が存在する限り、日本の中古車市場が廃れることはあり得ません。

また、中古車投資ビジネスから卒業することになったとしても、自分を信用してくれる人たちは離れていかないというのも、大きな利点だと思います。

中古車投資にはユーザーから感謝されるという構造的価値がありますし、ユーザーは企業ではなく、あなたという人が買取った感覚を抱きます。すなわち、中古車投資をするほどに、あなた自身への信頼が蓄積されていくのです。

中古車投資で作られた自分のファンとは、生涯にわたって大切な関係が続くはず。きっと、お金では得られない、人生における最高の財産となるはずです。

もし仮に1台でいくらかの損失を出したとしても、その信頼関係さえあれば、生涯にわたって、結果プラスに回転していくことになるでしょう。

40代が「中古車投資」を始めるべき理由⑥

仲間と協力し合える！

　もし誰もが周りから収奪することなく、周囲と力を合わせて利益を創造し続けられたとしたら、割と多くの人が幸せになれるのではないか――。この考えも、私が中古車投資の仕組みを作り上げるに至った背景にあります。

　実際に行動してみて、仲間同士で協力し合うことの大事さは、想像以上の効果を上げることが分かりました。

　人が一人で成し遂げられることは限られています。しかし、同じ目標を掲げる仲間と力を合わせることで、さらに大きな成果を上げることができるのです。

仕入れ先を取り合うようなことはない

2024年の時点の、日本における乗用車の保有台数は約6100万台です。

つまり、**中古車投資の観点で見ると、この約6100万台の乗用車すべてが買取り対象ということ。**一人が1カ月間に10台を買取ったとして、中古車投資を100人がしているとしても、年間で1万2000台にしかなりません。

大げさでなく、私たち一人が行えるボリュームに対してマーケットは無限にあるような状態です。ここから中古車投資をする人が200人、300人に増えたとしても、仲間同士で取り合うような事態はほぼ起きないだろうと思います。

同じ中古車投資をしている仲間がもし近くにいたとしても、マーケットが大きいのですから、むしろ知恵を共有したり協力し合ったりしたほうが、利益を相乗的に増加させられるはずです。

エリアごとの特性もあるでしょう。協力し合う利点は大きいと思います。

マーケティングでよく採用される言葉に、ドミナント戦略というものがあります。人というのは、よく見るものほど好感を抱きやすいもの。その特性を生かすべく、同じ地域に同じ看板を持つ店舗を集中出店することで、経営効率をアップさせようというのがドミナント戦略です。飲食店や、コンビニエンスストアをはじめとした小売りなどのチェーン店でよく取り入れられています。

近隣に仲間がいるのは、ドミナント戦略の観点でも有効です。店舗はなくても、例えば広告にしても、単一店舗で出すよりも複数の店舗で出稿したほうが効果は増幅します。

実際にクルマ買取りハッピーカーズでも、神奈川を中心とする関東圏をはじめ、宮城、福島、福岡など、全国的に同業者加盟店が隣接している地域ほど安定した利益を獲得し続けられる傾向にあります。

ハッピーカーズの加盟店同士は決して競合ではありません。むしろ協力するほど、お互いにとってのメリットを増やせる仲間なのです。

第3章

知識ゼロでも分かる「中古車投資」の仕組み

中古車買取り業界の闇を消し去るハッピーカーズ

ここまで読み進めてくると、中古車投資の良さ、特に40代の方にとってのメリットが感じられ、興味が徐々に高まっているのではないかと思います。

ただ、中にはまだ疑念を持っている人もいるかもしれません。もし疑念があるのなら、中古車買取り業界そのものへの不信感が理由ではないでしょうか。

あなたも、車を売ったときに嫌な思いをしたことがあるかもしれません。あるいは、「車を売ったら対応が散々だった」と人づてに聞いた人も少なくないはずです。

それゆえ、無意識のうちに不信感を抱いてしまうのは仕方のないことでしょう。

現代はインターネットの普及に伴い、売り手と買い手の関係は昔よりも対等に近づいていますが、それでも中古車買取り業界の闇がすべて消えたわけではありません。

この業界には依然として、顧客が疑念を抱かざるを得ない状況が存在しています。

その代表例といえるものが、「ふかし行為」です。

インターネットや電話で売却意向を伝えると、最初は水増しした額を提示して競合する他社を断らせます。しかし、いざ契約となると「その金額は出せません」と言い、当初よりもずっと低い金額を提示することをそう呼んでいます。

そもそも中古車は、同じ車種や年式でも個体によって評価が異なるものなのです。細かいコンディションの違いが査定額に影響するため、日々変動する相場のゆらぎの中で、査定する人、査定する会社、時期によっても金額が変わります。

しかしながら、査定または概算見積もりから短期間で、よほどの理由がない限り最初の提示額から大幅に金額が変わることは考えにくいです。

査定後に金額が上がるならいいですが、下がるのはユーザーにとって落胆以外の何物でもありません。また他社を断ってしまった手前、仕方なくその業者に売却してしまったという話も耳にします。

中には、査定に来ると「どこかに欠陥があるはず」と言わんばかりに、なめ回すようにチェックし、「ここが悪い、あそこが悪い」と指摘することで、低い査定額に正当性を持たせようとする業者もいると聞きます。

とはいえ、複数の業者とやり取りして何度も査定してもらうのは手間でしょう。「また同じように嫌な思いをするかもしれない」という気持ちもあるはずです。

時には、**すぐに売却しなければならない事情を抱えていることもあります。**嫌な気分になっても、そして納得のいく金額でなかったとしても、ユーザーは提示された金額で契約せざるを得ないのです。

まっとうな取引をしている業者としては信じがたいことですし、許すことはできません。しかし大変残念なことに、ふかし行為は今でも存在するようです。

他にも、態度が悪かったり、押し買いのようなことをしたりと、中古車買取り業者に対するネガティブな声は後を絶ちません。

売り手も買い手もハッピーになる仕組みを構築

こうした中古車業界に渦巻く不信感を消し去りたい。**誰もが適正価格で車を売却できて、売り手と買い手の対等な関係を実現したい――。**

そんなビジョンを見据えてスタートしたものこそ、中古車買取りのフランチャイズチェーン、私が代表を務めるクルマ買取りハッピーカーズです。

クルマ買取りハッピーカーズは、査定の際には、なぜその価格が提示されるのかを明確に説明することで、適正な査定に基づいた価格を提供することを約束しています。

また、**「査定後の価格の減額なし」「引き取り日の前日までキャンセル可能」**といった取り決めを設けているのも、クルマ買取りハッピーカーズの特徴です。

実際に中古車買取りの査定サイトや一括見積もりのサイトには、多くの高評価・

口コミコメントが見受けられます。地元密着型のビジネスモデルであることも、不信感の払拭につながっているといえるかもしれません。

そもそもユーザーは、1円でも高く買取ってくれる業者に売りたいと思っているかというと、そうでもありません。もちろん買取り査定が高いことは重要ですが、しかし同時に、信頼できる相手に売りたいという気持ちも大きいのです。

新しく車を買ってから、数日や数カ月で売る人もいますが、多くのユーザーは年単位で使い続けるもの。いわば車は家族です。だからこそ、**信頼できる人、知り合いのような人に委ねたい気持ちがある**のです。

ユーザーの知り合いのような存在になるのに最も有効な手段こそ、すぐそばにいるということではないでしょうか。だからこそ私たちは、地元密着型にこだわっているのです。

地元の人に嫌われてもいいいと思う人はまずいません。

「旅の恥はかき捨て」という言葉がありますね。確かに短期間しか滞在しないような場所であれば、もしかしたら人にどう思われても構わないという人もいるかもしれません。しかし生活している場所では、誰しも「地域の人に好かれたい」「みんなから信頼されたい」と思うものでしょう。

信頼されなければリピーターはつきませんし、紹介で新たなユーザーを得るのも難しくなります。焼き畑農業のように日々の集客に苦しむこととなるのは、目に見えていますよね。

そのため私たちのフランチャイズを営むオーナーは、買い手からの信頼を築く方法を、意識せずとも選択しているのでしょう。

私たちの理念は、**「車を通じて、関わる人すべてをハッピーにしていく」**です。おかげさまでこの姿勢が支持され、2024年現在の加盟店は100店舗を超えました。

2023年第8期の売り上げは、前年度比14%増の37億円を突破。台数にして4000台超えという、全国展開の出張中古車買取りチェーンとしてはトップの実績がユーザーはもちろん加盟店オーナーからの信頼をも裏付けています。

中古車投資はどこで、何人でやる？

ここからは、中古車投資を始めるための方法について具体的に記していきます。まず気になるのは、始めるにあたって何が必要になるかではないでしょうか。

クルマ買取りハッピーカーズのフランチャイズ経営で必要なものについて、「場所」「人数」「費用」の3つの要素に分けて紹介します。

場所：自宅でできる

クルマ買取りハッピーカーズは出張買取り専門なので、自宅で開業できます。つまり店舗がいらないので、店舗運営費はもちろんのこと、店舗で待つような時間も一切不要。買取った車をそのままオークション会場へ輸送すれば、買取った車を保管しておくための駐車場も必要ありません。

一般的に**店舗ビジネスの開業費は、１０００万円以上かかる**と言われています。

店舗を維持するには、家賃はもちろん水道光熱費やさまざまな管理費も必要になりますし、規模にもよりますが人件費も入れると少なくとも月１００万円程度は固定費としてのしかかるのが通常でしょう。

そこを大きく圧縮できるのがクルマ買取りハッピーカーズのメリットです。

それはすなわち価格競争力に直結。その分、固定費負担の大きい店舗型の買取り店よりもユーザーに対して高い査定額を提示することができ、最終的に買取り価格に還元できるので新規のユーザーも獲得しやすく、高い満足を提供することが可能となります。

だからこそクルマ買取りハッピーカーズは、ユーザーと長期的な関係を築きやすいのです。

人数：自分一人で十分

中古車投資は最低限、中古車を買取り、それをオークションへ流通させることができれば成立します。基本的にはとてもシンプルなビジネスモデルなので、**開業も運営も一人で問題ありません。**

第2章でも述べた通り、販売後のアフターフォローや入金管理もほぼ不要なので、従業員を雇う必要がないのです。

自分一人で運営できるため、人材採用のコスト負担が不要となるので、その分集客の広告費に回せますし、従業員のマネジメントや労務問題に頭を悩ませることもありません。スケジュールも自由になるので、個人事業主としての独立開業や複業、新規事業に適しています。

費用：初期投資も月々の費用も極めて少ない

利益獲得への一番の近道は、相手を儲けさせること。そのため、加盟店にまず適正な利益を継続して獲得してもらうことは、クルマ買取りハッピーカーズを立ち上げる際、大前提にありました。

だから、クルマ買取りハッピーカーズにおける加盟店オーナーとして必要な費用は、とても少なく設定されています。

世の中には実にさまざまなフランチャイズがあり、中には1億円近くの初期費用を要するものもあるようですが、私たちの初期費用は150万円程度、余裕を見て買取り資金を多めに見積もっても手元に500万円から1000万円あれば即開業できます。

研修費なども含まれているので、開業前にあらゆる疑問を解消するのはもちろんのこと、必要な知識やスキルはすべて、初期費用内で習得できます。

数あるフランチャイズの中には、売り上げや粗利の10％など歩合方式のロイヤリティを採用しているところもありますが、私たちの場合、いくら利益を上げても月々固定の会費制です。

実に合理的なパッケージだと感じてもらえるのではないでしょうか。

開業に必要な手順

続いて、クルマ買取りハッピーカーズの加盟店オーナーとなり、開業するまでの大まかな流れを紹介しましょう。

1. 説明会・個別面接への参加

まずはウェブサイトから問い合わせの上、説明会に参加していただきます。説明会は平日・土日祝日を含めほぼ毎日開催していますし、時間枠も10〜19時と幅広く設定していますので、都合をつけやすいはずです。

所要時間は約1時間です。説明会では、基本的な仕事の流れや集客方法、収支例の紹介、クルマ買取りハッピーカーズ本部のサポート体制などについてお話しします。実際に加盟店になって活躍している現役先輩オーナーとも話せるので、思いのほか楽しい時間になるでしょう。

さらに中古車買取りで独立開業する具体的な方法や、月100万円以上の収入をコンスタントに達成した方法まで、話す内容は希望を踏まえてアレンジします。

中古車投資を実際に行っている人と話すと、中古車投資を始めるイメージをより鮮明に描けるようになるはずです。説明会では実際の業務経験者がざっくばらんに話を進めるので、あらゆる疑問を解決できるでしょう。

2. 加盟審査および加盟契約の締結

説明会や個別面談で中古車投資について理解し加盟を決意したら、加盟審査へと進みます。加盟意欲はあってもお互いにとってハッピーにならないという審査結果の場合は、残念ではありますが加盟をお断りするケースも当然あります。お金を払えば誰でもできるというわけではないのです。

加盟店であるということは私たちのブランドを最前面で担っていただくことにな

るので、加盟店オーナーの審査も慎重に行っています。

その後、古物商許可証を取得してもらい、加盟契約の締結へと進みます。お互いが納得した上で契約を結ぶのが前提です。この間も、疑問や不安な点があったらいつでも相談に応じています。

3. 2日間の研修

開業前には2日間の研修を受ける必要があります。研修ではより具体的に踏み込み、実践的な内容をレクチャーしています。集客に、査定における接客にと、ノウハウを共有するだけでなく、その方法を取る理由まで深掘りして説明し、一つずつ疑問を明らかにしていきます。

最低限必要な要素を網羅した実際の車のカットモデルを使った実地研修をはじめ、査定から契約までの流れから、必要書類、法規の理解まで徹底的に行います。この2日間の研修内容をしっかりと習得すれば査定に行ったときも、もたつくことなくスムーズに進められるはずです。

ちなみに研修は、加盟後も何度でも無料で受講できます。きっちり研修を受けても、いざ実務をこなすと新たな不明点が出てくるのはよくあることです。

10年かけてブラッシュアップしてきたクルマ買取りハッピーカーズの導入研修では、未経験でも安心して開業できるよう、新規加盟者の不安要素は徹底的に潰していきます。

4. 開業

まずは車を1台買取ることを目標にしましょう。最初の1台を成約した瞬間の喜びは、きっと想像以上だと思います。

1台買取って初収益を達成したら、丁寧なコミュニケーションと誠実な買取りをひたすら続けていくのみ。信頼を築いていくことこそ、成功への近道です。クルマ買取りハッピーカーズの本部も、組織を挙げて全力でバックアップします。

中古車投資の流れ

最初に「車を見てほしいのですが」と言われたときは、うれしい気持ちが半分、査定から契約までうまく進められるかという不安感が半分かもしれません。

査定から契約までは、ユーザーのところへ出向き、顔と顔をつき合わせて進めることになるので、どのように進めるかは気になるところでしょう。

そこで、中古車投資でアポイントを取った後の査定の進め方について具体的に解説します。

査定の所要時間はわずか15分程度

結論から言うと、出張で行うのは次の3つのみです。難しいことは何もなく非常にシンプルなため、挨拶してから20分後にはすべて完了していることがほとんどです。

・査定
・査定金額を提示
・契約

特に不安を感じるのは査定かもしれません。しかし、心配はいりません。

なぜならクルマ買取りハッピーカーズには、第2章で記した通り、簡単かつスピーディーに査定ができる「専用アプリ」システムがあるからです。

スマホを立ち上げてアプリを開いたら、車検証の二次元コードを読み取るだけでオーケーです。

私たちの査定はシンプル。あくまで行うのは検査ではなく査定だからです。

まずは大きく分けて、「良い」「普通」「悪い」「事故車」という感じで大雑把に見ます。事故車（正確には修復歴のある車）は結果的に輸出されることが多く、その場合、修復の内容によってそこまで相場が変わらない場合もあるので、深くはチェックする必要がないからです。

細部まで見る必要があるのは、特に国内向けの車両です。なぜなら、「良い」と「事故車」の相場の差が非常に大きいからです。きちんと修復されていると、事故車であっても見た目が良いので注意が必要。とは言っても、骨格部分に修復歴がないかを実車を見てチェックする程度です。

車１台を査定するのに必要なのは15分程度で、慣れると５分程でできることもあります。

査定金額が分かったらユーザーにお伝えし、合意を得られたら契約締結へと進みます。

金額を提示した後、ユーザーの希望を踏まえてどのように価格交渉を進めるのかも、気になるポイントかもしれませんね。

しかし過度な心配は不要です。クルマ買取りハッピーカーズの場合、初期費用も月々の固定費も極めて少なくコストが少ないため、価格競争力が高い。この強みがあなたの商談を強くバックアップしてくれます。

現に加盟店のオーナーたちからも、査定価格を伝えると「他で言われた金額よりも20万円高い」「そんなに高く買取ってもらえるとは思っていなかった」といった喜びの声をもらうと聞いています。

喜ばれるというのは、満足してもらえていることの何よりの証しでしょう。

短時間で、買う側も売る側もハッピーになれる

査定から契約までの時間が短いということは、自分の好きなように過ごせる時間を長く確保できることを意味します。

家族や友人と過ごす時間を増やすのもいいでしょうし、中古車投資のスピードをもっと加速したいという人は、集客方法を追求する時間に充てるのもありでしょう。

メリットがあるのは自分ばかりではありません。査定から契約までのステップが短時間で終わるのは、お客様にとってもうれしいことです。

査定時間が長いのはまだしも、交渉に時間をかけるのは、買取る側はもちろんお客様にとっても気持ちの良いことではありません。「上司に確認を取りますので、もう少し待ってください」と言われてから何時間も待たされるようなやりとりは、はっきり言って時間の無駄です。ユーザーは「即決できる人を連れてこい」と言いたいところでしょう。「ハッピーカーズなら即断即決できます」。はい、そんなニーズから生まれたのもクルマ買取りハッピーカーズのフランチャイズシステムの利点です。加盟店オーナーが査定に行くから、即断即決できる。これは、かなりのメリットをユーザーに提供しているのです。これも私たちが全国で支持されていることの理由の一つなのです。

査定ですることはとてもシンプルで、短時間で完了します。それでいて、お客様に喜んでもらえるのが、クルマ買取りハッピーカーズです。

初めて査定するときは緊張するかもしれませんが、1回経験すると、お客様に喜ばれるうれしさが病みつきになるはず。

きっと2回目以降は、ワクワクした気持ちでいっぱいになるはずです。即断、即決、即支払い。ユーザーにとってはメリットしかありません。余計な時間は誰にとっても不要なのです。

クローズドの独自SNSを通した情報共有をフル活用

一般的なフランチャイズでは、本部が絶対的な権力を握り、それぞれの地域に適した戦略や自主性を発揮することを制限されている場合が少なくないようです。中には、ロイヤリティの比率が高く利益をなかなか残せないところや、本部の運営ガイドラインの強制力が強く独自の経営方針を遂行するのが難しいところもあると聞きます。

クルマ買取りハッピーカーズの発展の理由として、加盟店同士で経験や知識を共有できる場としてクローズドのハッピーカーズSNSを活用しているという特徴があります。基本的に本部、そして加盟店オーナー同士の情報共有がメインなので、必要かつ確かな情報はもちろん、さまざまな意見や情報が日々飛び交っています。

ハッピーカーズSNSをフル活用すると、次の3つのメリットを得られます。

1. 蓄積しておきたい情報をいつでも取り出せる

有用な情報をまとめ、ストックしておけるのもSNSのメリットです。

やりとりされる内容はそれぞれに学びがあるものの、重要度はまちまちでしょう。中でもナレッジとして蓄積しておきたい発言や質問が投稿された場合には、その投稿を私たちの方で抽出してコミュニティのトピックにまとめ、いつでも閲覧できるようにしています。

緊急性はなくとも知っておくべき重要な情報は分かりやすく格納されているので、いつでも好きなときに閲覧できます。

重要な内容ほど多くのオーナーが直面する悩みでもあるので、定期的にチェックしておくのがおすすめです。「情報を得ていてよかった」と思うときがきっとくるでしょう。

知っておくべき情報をいつでも手に入れられるのは、すべての加盟店オーナーにとって大きな価値となっています。

2. 加盟店オーナーのモチベーション向上につながる

どんなことでも一人きりで取り組むと、自由な反面、モチベーションをキープするのが難しいという壁にぶつかるという声をよく耳にします。

現にコロナ禍によってリモートワークが推奨された結果、「家だとなかなか集中できない」と嘆いた人は多かったでしょう。一緒に働く仲間が欲しくて、コワーキングスペースを利用し始めた人もいますよね。

フランチャイズでも、モチベーションの管理を課題として挙げる人は少なくないようです。

一人で取り組むタイプのものほど一人で悩んでしまうことが多く、つい後ろ向きに考えがち。本部に批判が寄せられているところもあるようですが、中には批判というよりも愚痴のように感じられるものもあります。これも、一人で取り組んでいるため、後ろ向きな気持ちになってしまっていることが原因なのではないかと個人的には思っています。

しかし、クルマ買取りハッピーカーズであれば、SNSを通じてオーナー仲間と対話できます。

何せ加盟店オーナーは、100人以上いるのです。100人以上の知恵とスキルが情報として蓄積され、ナレッジとなるのです。

3. ナレッジ蓄積されたオーナーの成長を加速させる

前述の仕組みが加盟店オーナー一人ひとりの成長スピードを加速させていることは間違いありません。実際に5年前と今では事業を軌道に乗せるスピードが格段に上向いています。

中古車投資に限らず何事においても、問題やトラブルはつきものです。避けられるときばかりではないので、重要なのは、致命的な状況に陥ってしまう前にいかに対処できるかでしょう。

致命的な状況に陥る前にフォローする仕組みとしても、ハッピーカーズSNSは一役買っていると思います。だから挑戦できる、だから成長スピードが加速していくのです。

ハッピーカーズSNSをフル活用すれば、新しく始めたばかりでも大きな安心感を持って中古車投資に向き合えます。同時にこれからさらに仲間が増えていくことで成果を出すスピードも格段にアップしていくであろうことは実績が証明しています。

第4章

行動編 「中古車投資」で欠かせない8の裏ワザ

「中古車投資」で欠かせない裏ワザ①

地元に密着したアプローチをする

中古車の相場に関する情報は、インターネットが普及した今、一般人でも以前よりは得やすくなったとは思います。だからといって、車の買取りにまつわるトラブルが減少していると思ったら大間違いです。

全国の消費生活センターなどに寄せられた中古車の売却に関する相談件数は、2021年度はなんと1519件。ここ数年、増加の一途をたどっています。

2023年には、中古車の大手販売店による不正が明るみになり世の中的にも大問題として認識されましたが、悪徳業者による詐欺被害は後を絶ちません。関係団体による注意喚起は、今なおメディアで頻繁に取り上げられています。

「非常に強引な態度で居座られ、『契約するまで帰らない』と言われたため、契約せざるをえなかった」「キャンセル料として40万円発生すると言われたが、明細すら出してもらえない」など、聞くに堪えない声ばかりです。

真摯に中古車買取り業に向き合っている身としては、怒りすら覚えます。

だからこそ、**何より大事なのは、「信頼をいかに得るか」「どうやって安心してもらうか」ということ。**

初対面のユーザーに、「自分を信じてほしい」と言ってもなかなか難しいかもしれません。

しかし、知り合いだったらどうでしょう。そこまで詳しく知らなくとも、名前だけ知っている人、名前を知らなくても顔をあわせるたび挨拶を交わすような人。ずっと信頼を得やすくなると思いませんか。

つまり、中古車投資では、「中古車買取り店の営業」ではなく、**「〇〇さん」と呼んでいる、あるいは呼びたくなるような関係性が非常に有効**なのです。

そこで、地元というキーワードが出てきます。

地元で信頼される方法

目指すは、車のことなら気軽に何でも相談できる専門家。地域でナンバーワンの、車にまつわる相談役です。

そのためには、やはりその地域に長く居住しているのは有利だと思います。親戚や同級生がいたら、なおいいですね。すでにお互いの人となりを分かっている状態ですから、気心も知れていて話が早いでしょう。

住み始めてから、まだそこまで年月が経っていないのなら、まずは土地の歴史を学ぶところから始めてみてはいかがでしょうか。どの地域もそれぞれの風土や伝統があり、それにより地縁が築かれています。

新たにつながりを作っていく際、話のきっかけにもなりますし、地域にとけ込みやすくなるはずです。

地域の特性をある程度知ったら、自分の顔と名前を覚えてくれる人をどんどん増やしましょう。自分がどういう人間で、どういったパーソナリティや経歴を持っているのかを少しずつ理解してもらうのです。

近所に住む人、趣味つながりの人、子どもが通う学校や習い事で顔を合わせる人など、自分にとって最も身近なところからアピールするといいでしょう。

ポイントは、焦らないこと。焦ると自分の話をするばかりになり、信頼を得るのが難しくなります。じっくり時間をかけながら、少しずつコミュニティを築いていくのです。

地域に根を張る、地元に密着するのに、特別なことは何一ついりません。まずはその地域のことを学ぶことから始めましょう。

頭を下げてはいけない

どうしても車を買取りたいという思いが先行すると、「あなたの車を、なんとか私に見させてもらえませんでしょうか？」「ぜひお願いします」とつい頭を下げてしまいがちですが、それはあまりおすすめしません。

それをしてしまっては、**せっかく築いた「知人」のポジションが、「ただのセールスパーソン」に切り替わってしまうから**です。

そもそもクルマ買取りハッピーカーズは、固定費が少ない分高く買える仕組みなので、ユーザーからはむしろ感謝をもって迎え入れられるのが当然でしょう。

それなのに下手にへりくだると、「良い関係を築こうとしていたのは仕事のためか」と思われかねません。中古車買取りに対する本来のネガティブな印象も手伝い、相手との関係が切れるおそれだってあります。あくまで自然体でいいのです。

「どこかで売ろうと思っているなら一度、相談して」「よかったら見てあげようか」ぐらいでちょうどいいのです。実際に見て「ネットで査定に出したら○○万円ぐらいだったでしょ」と話すと、「そうそう」と返ってくるような、ざっくばらんなやりとりが理想です。

まずは地元の人と関係を築き、ユーザーと業者ではなく、知り合いとしての対等な立場で相談相手になる。すると当然高値で買取れるため、相手に喜ばれ信頼が強固になる。これも、中古車投資の醍醐味です。

車の悩み相談に応じ、時に中古車を買取り、本音で語り合える関係になる。そういった強固な関係にある人が、地域で一人、二人と増えていき、ビジネスを超えて良い関係を築けている実感は、きっと何にも代えがたい喜びでしょう。

身近な人との良好な関係は、人生を豊かにするのに必要不可欠なものです。これは将来にわたってきっと、お金以上に価値のある、あなたの財産となってくれるでしょう。

「中古車投資」で欠かせない裏ワザ②

1カ月300枚も可能！ 名刺を配りまくる

地元の人たちとのつながりは、深さはもちろん広さも重要です。

たとえ自分を信頼してくれる人が100人になったとしても、全員が全員、毎年、車を売りたいと思うわけではありません。ほとんどの人が5～10年、短い人でも3年に一度のペースではないでしょうか。とすると、**100人いても車を売ろうと考える人はおそらく1年間で20人程度しかいない**のです。

身近な人との関係を構築すると同時に、広く知ってもらうための作戦も練らなければいけません。

第2章でも記した通り、クルマ買取りハッピーカーズのオーナーはバックグラウンドもパーソナリティもさまざまです。

各々、それぞれに作戦を立てて自分自身をアピールしていますが、ここで一つ、先輩オーナーのノウハウを紹介しましょう。

それは、「まずは、名刺を３００枚配る」こと。「それは自分には無理」と感じる方も多いのではないでしょうか。あくまで一つの例ですが、まだまだこういったやり方も有効だということも知っておいて損はありません。

地域の集まりやイベントには全参加しよう

もちろん、「まずは名刺を３００枚配ることを目標に」とは言いません。しかし、どんどん新しい人に会い続けること、そのための努力を惜しまないこと、そしてその前向きな姿勢に価値を感じてほしいのです。

知り合いを増やすチャンスは、意外とたくさんあります。

商工会の勉強会や交流会など、会合を見つけたらとにかくすべて顔を出しましょう。参加者が20人だったとしても、週１回参加するだけで、１カ月で名刺を合計80

枚配れることになります。

ワイン会でもいいですし、商店街のイベントだって構いません。大人であれば、どんな場所で会った人も将来の顧客になり得るのです。


ちなみに彼は、喫煙所のような場所でも名刺を配っていました。以前、彼を含む仲間たちと一緒にビアガーデンへ行ったことがあるのですが、彼は喫煙所から戻ってくるやいなや「明日、2台の査定が決まりました」と話しました。

聞くと、たばこを1本吸っている間に、喫煙所で一緒になった知らない人と話をし、車の話で盛り上がって「じゃあ、明日アルファードとノアを見に行きますよ」ということになったのだそうです。

この話を聞いて、あらゆる場所に商売のチャンスがあることの証しだとも感じました。


どれだけ人と出会えるかは、中古車投資における大きなポイントです。前向きな気持ちさえあれば、さほど資金がなくても、中古車投資は成功させることができるのです。

同じ自己紹介を繰り返す

名刺３００枚は難しいとしても、イベントを見つけたらすべて参加するというのは誰にでもできることでしょう。

イベントに参加して、初対面の相手に「はじめまして」と名乗るたびに、「車買取りをしています」と自信を持って自己紹介するだけです。商品説明や売り込みは必要ありません。ましてや無理にアポをとる必要もありません。必要があるときはきっとあなたに直接連絡があるはずです。

とにもかくにも、人と会いまくるのは、中古車投資で成功するための手法の一つです。最初は躊躇するかもしれませんが、特にノルマがあって商品を売るわけでもないので、楽しくやっていればきっといいことがあるでしょう。

「中古車投資」で欠かせない裏ワザ③

積極的にお金を使う

人に会う機会をどんどん増やしていくと「車を見てほしい」という相談件数も必然的に増加していきます。

しかし、クルマ買取りハッピーカーズの加盟店オーナーになると決意した瞬間から、心の中は「早く、たくさん買えるようになって、多くの人に喜んでもらいたい」という気持ちでいっぱいのはず。

コツコツ続ければいずれ稼げるようになることは頭では分かっていても、本音としてはやはり早く稼ぎたい、その気持ちは分かります。

そうすると、自覚はなくとも心に焦りが生まれてしまうもの。人というのは焦るとマイナス感情を抱きやすくなりますし、稼ぎたい欲求は周囲の人にもよくない空気として伝わってしまいます。

人は「儲けよう」と考えている人の近くには寄り付きません。つまり、**心に焦りが生まれると、ユーザーはむしろ離れてしまうのです。**

そこで初動力を上げる必要が生じ、広告が効いてきます。

お金で事業スピードを加速させる

人には1日24時間という制限がありますし、いくら頑張ったとしても人に会う数には限度があります。

しかし、**お金を使えば自分の限界以上の接触が可能**です。

例えば、一般的な広告出稿も一つの手段です。広告にも実にさまざまあります。新聞折り込みにポスティング、今はネット広告の種類も増え、エリアを絞った広告出稿も可能な時代です。あるいは専門の査定サイトに登録し、そこから情報を買うという方法もあります。

査定依頼を買うという方法

「あなたの車査定します」という広告を見たことはありませんか？　そうです。車を売りたい人が登録すると、その情報を求めている買取り業者にその情報が送られます。つまり査定情報は買えるのです。

一人ひとりと出会って顧客にしていくのはなかなか難しい。でもこの方法なら明日から査定に行くことができます。もちろんその情報は無料ではありません。そして競合他社もその情報に群がっています。

査定情報が簡単に手に入るからと言って、簡単に成約して利益が上げられるほど甘い世界ではありません。そこで効率的に費用対効果を求めていくと、マーケティングが必要になります。マーケティングに必要なのは過去の傾向などのデータです。その数と量が成功に直結することは間違いありません。

そのマーケティング機能を担っているのはフランチャイズ本部といえるでしょう。クルマ買取りハッピーカーズではさまざまな情報案件を扱うインターネットサービス会社と提携することで、その量とノウハウを確保しています。

自分の資金、エリア、ターゲット車種などを絞って、効果的に査定依頼を獲得することが可能です。それだけでもハッピーカーズに加盟するメリットがコストを上回ることは明確です。

「中古車投資」で欠かせない裏ワザ④

その日買取った車の情報を仲間と共有する

クルマ買取りハッピーカーズの中古車投資には、他の投資とは異なる点がいくつかありますが、「一人ではない」ということは非常に大きなポイントです。

本部とも密に連携できますし、加盟店のオーナーたちとのつながりがあるのも大きいでしょう。特にオーナー同士のリレーションは私たちが意識して築いてきたこともあります。

だからこそ、**他の投資、そして他のフランチャイズ経営と比べても、孤独感を感じる瞬間はかなり少ない**のです。

ここで、ハッピーカーズSNSについて少し紹介しましょう。

情報を共有するだけで経験も知見も100倍以上

クルマ買取りハッピーカーズの加盟店オーナーになると使えるようになるのが、ハッピーカーズSNSです。ハッピーカーズSNSで発信された情報は、リアルタイムでオーナー全員に共有されます。

投稿されるのは、本部からの最新情報はもちろん、相場についてのニュースに、競合の動向情報などさまざま。

実際の相場動向、買取り車両の買取り価格から販売価格なども定期的にアップされています。

いつ何時も、最新情報を仕入れておくのはプロとしての基本です。

つまりハッピーカーズSNSは、個人の経験を、加盟店オーナー全体の知見に化けさせるスキームということもできます。

本書を執筆している2024年現在、ハッピーカーズSNSの利用者数は100

人以上になります。つまり、**100倍以上の経験を追体験するとともにナレッジを蓄積できている**ともいえるでしょう。

懇親会やイベントなどのお知らせがあるのも、ハッピーカーズSNS経由です。本部主導のものはもちろん、加盟店同士のイベント告知も飛び交っていて、非常に活気があります。

フランチャイズオーナーになったばかりの人は、まずは自分が買取った車の情報をどんどんアップしましょう。

発信数が多い方が仲間に覚えてもらいやすいですし、交流会やイベントに参加したときもなじみやすくなります。

そのほか、クルマ買取りハッピーカーズのルールがまとまっていますし、質問フォームの機能も備わっているので、中古車投資を始めたばかりのときには特に重宝するだろうと思います。

少しまとまった時間を見つけるたびに、ハッピーカーズＳＮＳを開いてどんどんインプットしましょう。

このオリジナルＳＮＳは、創業当時、業界に先駆けて作ったシステムで、おそらく車買取り業界では初の試みだったのではないでしょうか？　そもそもこれは私のリクルート時代の経験から生まれました。現在の発展の理由の一つとして、組織づくりの発想が効率的に機能していることは間違いのない事実です。

「中古車投資」で欠かせない裏ワザ⑤

先輩オーナーを頼る

ここで、2024年1月に中古車投資を始めた加盟店オーナーの事例を紹介しましょう。

彼は42歳。もともとディーラーに勤めていたので車好きな方です。会社勤めではなく、自分で何かをやりたいと思ったときに考えたのも、やはり中古車買取り業でした。

しかし、始めるには店舗もいるし従業員だって必要です。初期費用だって固定費だってかなりかかるのでどうしたものかと悩んでいたところ、クルマ買取りハッピーカーズに出会い「これだ!」と思ったといいます。

彼は加盟後、3カ月目にしてなんと約30台を買取りました。これは加盟店オーナーの中でも、初動スピードはかなりいい方です。本人も**「月収が、会社員時代の**

3倍になった」と喜んでいました。

彼が約30台を買取ったのは3月でした。3月は中古車買取り業界では繁忙期に当たりますが、それを差し引いても驚くべき結果です。もともと相当な人脈がなければ成し遂げるのが困難な成績だと驚き、どうやって集客したかを尋ねてみました。

すると彼は、「これまでの人脈で買取ったのではありません」と言うのです。聞くと、査定サイトに登録し、ひたすら買い続けたのだと話してくれます。

要は、彼がスピーディーに成果を上げられた秘訣は、**先輩のまねをした**から。だからこそ、これだけの快挙を成し遂げられたのです。

確かに、スタートした当初に査定サイト経由で買取るのは得策かもしれません。場数を踏めるので、経験を積むにはいいでしょう。薄利かもしれませんが、一度信頼関係を築けば次回の査定の相談も来やすくなるでしょうし、その人経由で他のユーザーを紹介してもらえるかもしれません。

「査定サイトからの買取りでは稼げない」といったうわさや偏見を信じるよりも、

実際に成功している人が今現在していることをまねる方が大事であることに、改めて気づかされました。

彼の話を聞く中では、加盟店オーナー同士のノウハウが共有されているという、クルマ買取りハッピーカーズならではの強みを早速生かしている点にもうれしく感じました。

きっと彼も自分自身の経験を、現オーナーにはもちろん、新たにジョインする後輩たちにも共有してくれるでしょう。

ハッピーカーズには相談しやすい空気感がある

先輩たちに質問したり相談したりすることの重要性は分かっていても、最初は緊張するかもしれません。特に車について詳しくない人は、「こんなことを聞いていいのか」と戸惑うでしょう。

しかし車のことに詳しくなくても、行動さえしていれば先輩たちが快く相談に応じてくれるのがクルマ買取りハッピーカーズです。行動さえしていればと書いたのは、単に「何もしないでただで情報だけくれ」と言う人は誰からも相手にされないからです。

彼らは自分で壁を乗り越えてきた人たちです。だから発言には自信がありますし、実績という裏付けがあるのです。彼らは、みんなの行動をリスペクトしているのです。まだ始めたばかりだからとその行動を馬鹿にする人はいません。

クルマ買取りハッピーカーズは、お互いに高め合おうという考えを持った人たちでできています。

もちろん中にはなかなかうまくいかない人もいますが、まず1台でも買えるように本部が徹底的にモチベートして利益創出まで伴走します。

ノウハウを共有することに価値があるという考えを共通認識とすることで、組織を活性化させています。当然本部に搾取されているような意識もないので、新しい人には温かく感じられるかもしれません。

実際、オーナーたちの人柄の良さは、懇親会やイベントに参加するたび、私自身も実感しています。本部が関与しない加盟店同士の集まりでも、場の雰囲気がマイナスに傾いたという話は、少なくとも私は一度も耳にしていません。

プラスに進むコミュニティばかりです。みな、仲間の大切さを分かっているのでしょう。

ちなみに先ほど紹介した42歳の加盟店オーナーは、ＳＮＳで尋ねたり、懇親会で聞いたりするだけでなく、先輩オーナーに電話して相談することもあると言っていました。

学び合い、情報を共有し合い、お互いに売り上げを作っていくという意識がオーナー全体で醸成されているのです。

先輩オーナーを頼るべきは、中古車投資を始めたばかりのころだけではありません。

中古車投資に限った話ではないですが、そもそも経営というのは、常に予測した通りに進むわけではないでしょう。**中古車投資を始めて数年経っていても、戸惑っ**

たり困ったりしたら、いつでも頼っていいのです。

例えば地域について徹底的に調べあげ、市場を研究した上で3年計画や5年計画を作ったとしても、すべて予測した通りに進むことはほぼありません。

国際関係や経済の動きは日々変化しますし、社会には常に潮目となるタイミングがあり、そのたびに計画を練り直す必要があります。

経営者には、世の中の流れを読み、時に予測を軌道修正しながら時代の潮流に乗っていくスキルが必要です。時には予測しかねることもあるでしょうし、失敗だって経験するはずです。

しかし、クルマ買取りハッピーカーズには先輩オーナーが100人以上います。経験を重ねるたび、自らの経験をシェアする機会も増えるでしょうけれど、戸惑うことがあるたび、悩むたび、仲間に相談し続けて構わない、これもクルマ買取りハッピーカーズの強みです。

「中古車投資」で欠かせない裏ワザ⑥

何でもいいからアクションする

私たちが最終的に目指すのは、世の中の一人ひとりがより豊かになることです。フランチャイズという形態を選択したのも、実際に働く人一人ひとりの豊かさを考えたがゆえ。社員として雇うよりも、個人事業主として収益を上げてもらう方が、中古車投資をする人の稼ぎは大きくなり、自分の時間を好きに確保できると考えたからです。

私たちは加盟店オーナーとして迎えたからには、**一刻も早く最初の1台の買取り契約を成立させ、目標の収益を達成してほしい**と思っています。

最終的に成功する秘訣はただ一つ、何でもいいから行動を起こすということに尽きます。先輩に質問するのも、立派な行動です。私たちだって、いつだって相談に乗ります。

中には、人に相談するのが得意でない人もいるかもしれません。それでも何かしら行動するのです。

広告を出してみる、知り合いに名刺を渡してみる、**行動の中身について考えるのは後回しにしてもいいので、とにかく最初はどんどん行動しましょう。**

考えていても、発信したり行動したりしなければ誰にも伝わりません。考えているだけでは、時間が過ぎるばかりで状況は何も変わらないのです。そして、自分一人で考えていては、気持ちだってどんどんふさぎがちになります。

行動すると、つまずいたり迷ったりするでしょう。そうすれば、何かしら疑問が生まれるはずです。疑問が生まれれば、周りにも相談しやすくなります。

私たちも全力でサポートしたいとは思いつつ、行動だけは自分でしなければなりません。何も行動できなければ、ゼロなのです。

たとえマイナス感情でいっぱいになっていたとしても、成功している加盟店のコミュニティの中に入り込むなど、ポジティブ思考に転換させる策はいろいろとあります。つまり、**行動さえしていれば、救いようがある**のです。

私は、行動していて、失敗に終わった人を見たことがありません。逆に言うと、行動さえすればうまくいきます。

アクションし続ければ必ず成功する。これを忘れないでください。

「中古車投資」で欠かせない裏ワザ⑦

買取ったらすぐに支払う

中古車買取りのトラブルにはさまざまなパターンがありますが、一つだけ共通点があります。

それは、**トラブルのほぼ１００％が、査定から支払いまでの間に発生している**ということ。つまり、査定から支払いまでがスムーズにいきさえすれば、トラブルは回避できるということです。

その点、一般的な中古車買取り会社は圧倒的に不利だといえます。なぜなら、査定に来るのは普通の営業担当だからです。

末端のポジションであるために、何かあるとすぐに口をついて出てくるのが「上司に確認します」といったフレーズです。決裁権がないため自分では判断できず、無駄な時間ばかり生じてしまいます。

後になって「事故車だった」ということがあるのも、このためでしょう。現場の担当者では最終判断できないという理由で、ユーザーとの間でトラブルが発生しているのが、多くの中古車買取り業者の抱える問題なのだと思います。

また、買取っても、代金を支払うのは現場に赴いた人ではなく会社なので、支払うまでのタイムラグも発生します。

ユーザーとしては、「きちんと支払ってもらえるか」はもちろんのこと、「本当にこの業者に売るのが正解だったか」「もっと高く買取ってくれるところがあったのではないか」と、支払うまでの時間が長いほどに、あれこれ不安を募らせるでしょう。そうすると、「騙されたのではないか」という気持ちが生じるのは、優に想像できます。

一方、**クルマ買取りハッピーカーズで査定に行くのは基本的に加盟店オーナー自ら**です。自分の判断でその場で決裁できますし、契約を結んだその場で現金払いをすることだって可能です。振り込みの場合も、翌日には支払えるでしょうから、売り手に不安を与える時間がほぼないのです。

そもそも**トラブルは、コスト面も精神面もデメリットばかり**です。買取ったらすぐに支払う、これを徹底していることも私たちが支持されている理由です。

基本的にユーザーは地域の人ですし、ビジネスを超えた関係であるならなおのこと、トラブルは避けたいものですよね。

加盟店オーナーとしてしっかり査定し、すぐに支払えばトラブルが起きる余地がないので、ユーザーとの関係性は安泰です。

加盟店と本部間のトラブルもほぼゼロ

クルマ買取りハッピーカーズの加盟店オーナーが買取った車は、9年目を迎えた2023年には年間で37億円を超えました。台数は4000台ほどで、2024年の3月には単月で500台以上を達成しました。

加盟店オーナーを見てみても数年前までは、月間100万円の利益を出せるようになるのに1年から3年を要することもありましたが、今では2カ月目で達成する人もザラです。

要は、ナレッジの蓄積とともに、加盟店オーナーたちのレベルが上がり、一人ひとりの売り上げが大きく上がっていることを意味します。

そのため加盟店、つまりフランチャイズオーナーと本部の間でも、トラブルといったトラブルは生じていません。

2023年には加盟店オーナーが自分で買取った車と資金の流れを随時チェックできるシステムも構築され、オーナーの状況を双方で簡単に把握できるようになりました。

今こそ、中古車投資を始めるのに最適だと思います。

「中古車投資」で欠かせない裏ワザ⑧

従業員を雇わない

中古車投資における裏ワザとして8番目に紹介するのは、従業員を雇わないということです。最後のポイントでありながら、とても重要です。

加盟店の中にはスタッフを雇っている人もいますが、従業員を雇うと車を買取る以外にやることが増え、利益を圧迫します。

そもそも私がフランチャイズという形式にしたのは、先ほども述べた通り、一人オーナーの形式が最も効率的であると考えたため。**もともと従業員を雇うスタイルを描いてフランチャイズを立ち上げているわけではありません。**

従業員を雇うと人件費以外のコストも発生しますし、それなりの額を払わなければ従業員のモチベーションだって上がらないでしょう。やる気のない従業員ほど不要なものはありません。かといって、大きな額を払ったから大きな利益が上がるわけではないからです。

さらに、従業員を雇うと辞めるリスクが生まれます。**辞められたら回らなくなることが想定される仕事は、従業員には任せられません。**人材とともにノウハウまで流出されては会社にとっては致命的です。

オーナー一人で、1カ月あたり安定して100万円の利益を出せていればそれで十分、そのぐらいの気持ちでいる方が心豊かな毎日を過ごせるだろうと思います。一人であれば、自分の好きな時間に働けます。日々を潤すだけの儲けを得られたら十分と考えましょう。そこまで躍起にならずとも、それなりの豊かさは手に入れられます。

際限なく大きくすることも不可能ではありませんが、豊かな日々が失われる可能性だってあります。生きていくためにお金が必要であっても、**人に幸せをもたらす**

のは、決してお金ではないからです。

では何が大事かというと、私は結局、**心を満たす資産は人**だと考えています。人は一人では生きられませんし、言わずもがな人はお金では買えません。

クルマ買取りハッピーカーズの加盟店オーナーとして中古車投資を続けると、お金が入ってくるのと同時に人とのつながりもどんどん広がっていきます。

まさにより豊かな人生、Well-Being な人生を創出して行く手段として、中古車投資に挑戦してみる価値はあるはずです。

第5章

豊かな人生が手に入る！

「中古車投資」がうまくいく人の7の特徴

中古車投資がうまくいく人の特徴①

利益が上がらないとき、自分の中に原因を見出す

クルマ買取りハッピーカーズの加盟店オーナーになって、事業を起こすという新たな投資、中古車投資は、これまでも述べてきた通り初心者でもできるほど、手法そのものは簡単です。

しかし、必ず誰しも成功するかというとそうではありません。年齢とともに心のゆとりが生まれつつ、これからの人生で新たな挑戦をしたいと考えている40代であっても、残念ながら、誰しもうまくいくわけではないのです。

その最たる原因が、**できない理由を外部に求めること。**買取れず利益が上がらないときに、なぜ買取れないかの理由を他者のせいにするパターンです。

中古車投資を頑張りたい、より豊かな人生を送ってみたいと、意気揚々と張り切って中古車投資を始めてもなかなか買取れないままでは、愚痴を言いたくなる気持ちは分かります。しかし、他者のせいにしても何も状況は変わりません。

例えば、「競合が多いからこの事業で利益を獲得するのは難しい。だから諦めよう」と後ろ向きに考える人と、「競合が多いからマーケットが確実にある。だからチャンスの数も多い」と考える人では結果が全く違ってくることは明らかです。

いかなる状況であっても、環境を変えることは難しいですが、自分自身であればすぐに変えられます。**行動を変えることが難しければ、まずは考え方一つ変えるだけで結果はまるで違ってくるのです。**

査定に行くと10社の競合相手がいたとします。競合が何社いようとも、そのユーザーはおそらくどこかの1社に車を売却するはずです。あなたが諦めた時点で、他のどこかが買うことになるでしょう。

もしその中で仮にあなたが一番高く、あるいはユーザーにとって心地よく取引ができるとすると、ユーザーにとってはあなたに売ることが一番ハッピーですよね。そう考えると立ち去るわけにはいきません。商品に差がない分、「価格×あなた自身」で差別化を図らねばなりません。

価格については出張買取りという価格競争力の利点を生かして、そんなに劣ることはないはずです。

ではあなたについてはどうでしょう?

中古車買取り業者の従業員である他社の営業担当と比較して、あなたはどこか劣っているところはあるでしょうか?

むしろこれまでの人生をさまざまな経験を通して多くの壁を乗り越えてきたあなた自身に、圧倒的な優位性があると考えてみてはいかがでしょうか?

コミュニケーション力、信頼感、確実性、どれをとっても負ける要素はないはずです。そしてクルマ買取りハッピーカーズという全国チェーンのブランド力の後押しがあれば、ユーザーにとってはそんなあなたと取引できることがハッピーなはずです。

競合相手が何社いようとも、前向きな思考と、これまでに培ってきたあなた自身の人間力さえあれば、選ばれるということはさほど難しいことではないのです。

どんな場合でも、その状況を作っているのは、自分自身であることを覚えておいてください。逆に言うと、自分が変わり、行動することで状況が変化する可能性は大いにあるということです。

どれだけ競合がいようとも、その場を「支配」するのは常にあなた自身であることを忘れないでください。

戸惑いや苦難は、誰しもがぶつかる壁だと思いましょう。大事なのは、**戸惑いや苦難を生んでいるのは自分自身かもしれないと考え、発想を変えてみる。発想が変われば、行動が変わります。**

しかし、どうしても難しければ仲間を頼ってもオーケーです。かつてあなたと同じ状況を乗り越えてきた先輩たちが、きっとヒントを与えてくれることでしょう。

中古車投資で失敗する人
「できない理由を外的要因に責任転嫁する」
中古車投資で成功する人
「できない理由は自分にあるとし、発想を前向きに転換する」

中古車投資がうまくいく人の特徴②

目先の収益よりも長期的な収益を優先する

中古車投資が軌道に乗るまでは、早く大きく稼げるようになりたいという気持ちが湧き、目先の収益にこだわりがちになります。しかし、中古車投資でうまくいっている人の大半が重視しているのは、短期ではなく中長期的な目線です。

その理由はただ一つ、車というのは自宅のように一生に一度の買い物ではなく、数年ごとに買い替えるケースもあり、さらに一世帯で数台所有している場合も多く、リピーターを作ることが非常に重要であり比較的容易だからです。

要は、「この人に買ってもらってよかった！」、そう思わせたら勝ちということ。

ユーザーが車を売るとき一番に求めているのは、「どこよりも高く買ってもらうこと」、これに尽きるでしょう。

もちろん高く買うほど、加盟店オーナーサイドの収益は下がります。だからといって、儲けてやろうとユーザーの足元を見て安い金額を提示してしまうと、ユーザーは「相談相手を間違ったかな」「次に車を売るときは、他の業者に頼もう」と思うかもしれません。たまたま安い金額で買えて、儲かったとしても、そのユーザーがあなたの元へ再び戻ってくることはないでしょう。

しかし、相手の期待値を少しでも上回ったならどうでしょう。きっと次もまた相談がくるはずです。

例えば高く買いすぎて利益トントンが続いても、たまに跳ねること（オークションで思いの外競り上がって高値で落札されること）もあり、その1回ですべての取引の利益を上回ることもよくあります。単に1台で大きな利益を目論んで安く買取るよりも、欲を捨てて「結果儲かればいいや」くらいでやった方が、中長期的に見て結果的にオーナーの収益につながります。

　クルマ買取りハッピーカーズの中古車投資は地域密着型であるため、悪いうわさはもちろんのこと、良いうわさだってしっかり広まります。「あの人にお願いしたら、思ったよりも高く売れたよ」そんなうわさが地域内で広まるほど、中古車投資の成長スピードは加速するのです。

　何せ、中古車買取り業者というのは、基本的に世間から信頼されていません。だからこそ、ユーザー側の納得感があり満足できる買取り業者は貴重であり、一度、信頼されさえすれば、リピーターを作りやすい業界だとも感じています。話題にだってなりやすいはずです。

　目の前の車で収益を上げることより、目の前のユーザーに喜んでもらうことを優先する方が、二度、三度と買取りのチャンスが生まれますし、副次的なメリットだって生まれます。

中古車投資で失敗する人

「ユーザーを欺いてでも目の前の収益を上げようとする」

中古車投資で成功する人

「目の前の収益を上げることよりも、ユーザーからの信用を積み上げることを重視する」

中古車投資がうまくいく人の特徴③

ユーザーが求めているものを大事にする

高く買取るのは確かにユーザーの満足につながりますが、「高く買取ればすべてオーケー」そんな考えを抱くのは間違いです。いずれ失敗を招きます。

そもそも高く買取るという行為は、ユーザーの満足感を高めるための一手段に過ぎません。思考のレイヤーを一つ上げ、どうすればユーザーの満足感を高められるかという観点から思考する必要があります。

ぜひ、本書を読み進めるのをひと時休んで、ユーザーの満足ポイントについて考えてみてください。買取り価格にまつわること以外でも、きっといろいろなことが想定されるはずです。

・気分の良い取引をしたい
・短時間で査定を済ませたい
・すぐに現金化したい

ユーザーによって細かい内容は異なるでしょうけれど、少なくともこれら3点はほとんどの人に共通する事項ではないでしょうか。

とすると、にこやかかつ元気に挨拶をして、車を丁寧に扱うこと。決してなめ回して見るようなことはせずに、パパッと必要な箇所だけチェックして短時間で査定すること。

査定を終え、契約を結んだら現金で支払うこと。これらもユーザーの満足度を高めるコツといえるはずです。

勘違いしてはいけないのは、相手を尊重することは、決してへりくだることではないということ。

良好な関係を築きたいと思うのはいいことですが、一般的な接客マニュアルにありそうなフレーズを使い、変に下手に出るようなことは、決してしてはいけません。そんなことをしたら、信頼のおける知人から、単なる業者に立場が変わってしまうでしょう。

むしろ、ユーザーとはフェアな関係を築くべきです。

そもそもクルマ買取りハッピーカーズは、基本的に高く買取れる仕組みが確立されているので、それだけでユーザーにとっては大きなメリットですから、むしろ胸を張ってしかるべきでしょう。ユーザーをお客様ではなく、お互いにとってメリットのある売買をする相手と認識するのも重要です。

下手にへりくだっては、ユーザーだって「何か裏があるのでは」と勘ぐりたくなります。まさに、百害あって一利なしではないでしょうか。

勝敗を握るのは、オーナー自身の人間力です。

対等な立場で、コミュニケーションしましょう。その方が人は信頼したくなるものですし、より太く長い関係性を築けるだろうと思います。
そのためには、できるだけ多くの打席に立って実績を積み上げていくこと。最初は難しく感じても、数カ月もすれば自信を持って査定していることに自分自身で驚くでしょう。

中古車投資で失敗する人
「買取り価格ばかりに注目する」
中古車投資で成功する人
「買取り価格だけではなく、顧客が何を求めているかにフォーカスする」

中古車投資がうまくいく人の特徴④

過去の成功や失敗に執着しない

中古車市場は、さまざまな業界の中でも安定している方だとは思います。しかしそれでも、政治や経済の影響を受けないわけではありませんし、新しい車種もどんどん登場していて、相場にだって多少なりとも波はあるのです。

さらにいうなら、中古車市場はそこまで大きく変動しないとしても、中古車投資におけるさまざまな要素に目を向けるとどうでしょう。

テクノロジーの進化とともに、広告手法はどんどん緻密化していますし、昨今ではロボットが接客するような店舗だって出てきています。競合相手だって、仕組みも手法も日々アップデートしているはずです。

そんな中、一つのやり方に固執していては、いずれ必ず失敗します。変化の大きい世の中でずっと変わらないでいては、一人だけ置いてきぼりを食らってしまうのです。

これまで通用していた必勝法だって、いつまでそれで勝ち続けられるかは分かりません。同様に、一度失敗したからといって、次も失敗するとは限らないのです。

もちろん、中古車投資は「投資」ですから、リスクだってあります。相場をチェックして買取ったのに、競りで思ったほどの価格がつかないこともゼロではありません。

時には「修復歴なし」として買取った車が、オークション会場に持ち込んだ後で修復歴ありと判明し、数十万円の赤字になることだってあります。

しかし、**失敗はそう何度も続きません。時の運だってあります。**

過去の失敗を気にしてばかりいると、怖くなって次を買えなくなるのは、中古車投資も他の投資と同様です。しかし、それでは赤字は取り返せませんし、収益だって上がりません。気持ちを切り替えて、次に向かうのです。

最大のリスクヘッジは量です。

例えば1台しか買取りしていなかった場合、その1台がマイナスになれば単なるマイナスです。しかしながら、10台のうちの1台であれば、他の9台に利益が出ていれば全体でプラスになります。

目先の1台の利益に一喜一憂していては精神的にもよくありません。過去の成功や失敗はもちろん、車1台に執着しないことも大事なポイントの一つです。

中古車投資を始めたら、成功にも失敗にも執着せず、常にインプットを繰り返し、新しい試みにも果敢にチャレンジしてほしいと思います。

その際は、先述したクルマ買取りハッピーカーズのSNSもフル活用してください。オリジナルのSNSは、各加盟店オーナーの知見と経験を集約し、それぞれがPDCAを回せるようにと作ったものです。

第4章で、査定サイトに登録し、ひたすら競合相手よりも高く買い続けるという手法で収益を上げたオーナーのエピソードを紹介しました。彼が採用したその方法は、そのときの彼にとっては「成功へとつながる道」だったのです。

確かにそのやり方では中長期的には有効ではないかもしれませんが、スタートダッシュのきっかけとしては最大に機能したということです。一見悪手と思われる手法も時期を間違えなければ、良い手法となり得る可能性があることの代表例といえるのではないでしょうか。

中古車投資は簡単でありながら、なかなか奥が深いです。何度もさまざまなチャレンジを繰り返しましょう。きっとそれは思いのほか楽しい作業となるはずです。

中古車投資で失敗する人
「一つの成功や失敗に執着する」
中古車投資で成功する人
「過去の成功や失敗にこだわらず、挑戦し続ける」

中古車投資がうまくいく人の特徴⑤

自分自身の優先順位や目標が明確

中古車投資に取り組む理由は、人それぞれでしょう。「新しいことにチャレンジしたい」「地域の人に喜ばれることをしたい」「家族と過ごす時間を確保しつつ、十分な収益を担保したい」などいろいろあると思います。

現に今、クルマ買取りハッピーカーズに加盟している加盟店オーナーも、さまざまな思いで中古車投資に取り組んでいます。

これまで見てきたうまくいく人の特徴としては、目標が明確ということです。数値目標が明確であれば日々の行動も明確になるからです。

例えば月間100万円の利益を出すという目標なら、1台あたりの利益を10万円と仮定して、そのためには10台が必要。そこから逆算して広告費はいくらなど、具体的な計画がたてられることで、今日1日の行動がより明確になってきます。
目標を計画に落とし込み具体化すること。これも中古車投資を成功させる秘訣だと心得ておいてください。

そのために必要なことは、やはり自分自身の考え方、優先順位を決めること。今、何をやって、何をやらないか。何が必要で、何が不要か。うまくいっている人はそのあたりの判断が明確なのです。

中古車投資で失敗する人
「ポリシーも目標もない、あっても曖昧」
中古車投資で成功する人
「自分にとっての優先順位、目標が明確」

中古車投資がうまくいく人の特徴⑥

臆することなく、お金をどんどん使う

中古車投資に興味のある方は、多かれ少なかれ「もっと稼ぎたい」「資産を増やしたい」といった金銭面での希望を持っています。

お金を増やす、お金を貯めるには、稼ぐ・儲けるだけでなく出費を減らすのが大事であるというのは一般的によくいわれますが、ひとまずそれは忘れた方がいいでしょう。

お金をどんどん使うこと。これも中古車投資を成功させたいなら大事なポイントとなります。

資金を投じれば投じるほど、リターンを期待できるのが投資ですよね。これは第1章でも記した通りです。

さらにいうなら、本書ですすめる中古車投資は事業投資です。事業を大きくするには投資は必須。

例えば、折り込み広告を1万部、10万円かけて1台成約できて利益が10万円出たとすると、収支トントンです。つまりは、何度でも繰り返せるということ。10万円で1台買取れてトントンですから、もし10万円の投資で2台買取れたら費用対効果は２００％です。極論ですが、利益を全額効果の出た広告に再投資して利益を増やしていくというのも一つの戦略ではあります。

実際、私も一人で立ち上げたときは、そんな形でひたすら効果の出る広告媒体を探して、利益が出た広告にはその利益を再投資していました。

また、前章で記した通り、中古車投資は従業員を雇うことなく、基本的には一人で遂行するのに向いています。

だからこそ、可能な限りアウトソースするのが自分という資産価値を最大化することに直結します。

任せられることはお金を使ってどんどん人に任せなければ、事業のスピードを上げられません。
事業の垂直立ち上げに向けては、査定サイトへの登録もいいでしょう。これについては前述した通りですが、本部や加盟店内に多くのナレッジが蓄積され、日々ブラッシュアップされているので、マーケティングとしての費用対効果は良いはずです。

そして広告費。無店舗型のため、黙っていてもユーザーが尋ねてくることはありません。できる範囲で投下しましょう。特に始めたばかりのころは、何より認知度と実績を上げることが大事です。
費用対効果が気になる人は、本部をはじめ、ハッピーカーズSNSや懇親会で先輩オーナーに相談し、どんな広告が効果的か吟味するといいでしょう。どの広告が最適かは、エリア特性によって大きく異なりますので、幅広く情報収集するほど精度を高められます。

節約は、家計管理では大事なポイントでも、中古車投資においてはほとんどの場合、マイナスに働きます。

お金はビジネスを伸ばすための燃料です。自分でないとできないこと以外はどんどんアウトソースすることで、事業の成長スピードを加速させてください。

中古車投資で失敗する人
「事業のために使うお金を節約する」
中古車投資で成功する人
「お金を燃料と捉え、積極的に投資する」

中古車投資がうまくいく人の特徴⑦

当事者意識を持って行動する

中古車投資がうまくいく人の特徴として最後に挙げたいのは、当事者意識を持ってどんどん行動していくということです。

繰り返しとなりますが、中古車投資は事業投資です。投資信託のように、世界の経済成長に比例して伸びるものではありませんので、「ほったらかし」では1円も増えません。

それどころか、初期費用や固定費が必要な分、自ら行動しなければ資産はマイナスになってしまいます。

そもそも、自分の事業の成功の鍵を握っているのは、自分以外の何者でもありません。

クルマ買取りハッピーカーズは、本部のサポートやシステムが充実していることはこれまでの実績が証明していますが、本部ができるのは、各加盟店の運営ではなく、そのサポートに過ぎません。事業の運営そのものは、オーナーにしかできないのです。

だからこそ、貪欲さを持って成果を求めてください。

何度も述べている通り、幸いクルマ買取りハッピーカーズには、１００人以上の知識とノウハウが集約されているプラットフォームがあり、最新かつリアルな情報を常に発信、入手できる環境があります。

加盟店オーナー同士の懇親会も東京を中心に、全国各地で頻繁に行われていますし、勉強会なども開催されています。基本を見直したいと思ったら何度でも査定研修を受けることも可能です。

現に私もさまざまな加盟店オーナーを見てきましたが、自ら知識を求め、人と積極的に交流して情報を交換する人ほど成功しているのは明らかです。

どれだけ貪欲になっても、貪欲すぎることはありません。どんどん行動して中古車投資を楽しんでいくことで、今思い描いている以上に豊かな未来が待ち受けているはずです。

中古車投資で失敗する人
「何事にも受け身で、必要なことはすべてフランチャイズ本部がやってくれると思っている」
中古車投資で成功する人
「自ら貪欲に成果を求めて行動する」

第6章

いいところも苦労したことも丸分かり！

「中古車投資」で成功した6人の事例

半年間で月間粗利100万円を達成

クルマ買取りハッピーカーズ® 鎌倉店　坂野 直久さん（48歳）

FC加盟時：未経験
FCオーナー年数：7年目
平均買取り価格：50万円前後
1台あたりの平均利益：10万～20万円
月間買取り台数：10～15台
新規買取り比率：約90％
専業or複業：専業

新卒で勤めた会社は広告代理店でしたが、主に担当したのは車メーカーで、ＴＶＣＭやカタログ制作などさまざまな販促プロモーションに携わってきました。

しかし広告代理店の業務では、エンドユーザー向けの仕事であっても、クライアントからオーケーをもらうことや広告祭などで受賞することが目的になってしまうことがあり、自分の真にやるべき仕事かという問いが湧いていたのです。

私がしたいのは感謝される仕事――それならば、**長い間、居を構える鎌倉の地で人のためになることをしたい**と思い退職しました。

もともと車が好きだったこともあり、車と地元の人々に貢献できることとの掛け合わせで仕事を考えました。

そこで思いついたのは、洗車ビジネスでした。多くのガソリンスタンドが２０１１年の消防法改正により多額のタンク交換費用負担に耐えきれず撤退していく中、出張洗車に勝機を感じたのです。

私は宅配業者が使うバイクを準備し、洗車道具を積んでユーザーのところへと出向く出張洗車ビジネスを一人で始めました。

結果は惨敗。自宅の敷地で洗車をしたいと考える人がそもそも少なく、集客に苦労しました。

車好きの集まるところに出向くスタイルに転換してからは、ゴルフ練習場に飛び込み営業をして、「練習している間に洗車しませんか」という打ち出しでなんとかお客をつかんだものの、一人では割に合わず利益が出なかったのです。


それならば出張洗車をFC展開してはどうかと考え、FC専門誌で他社研究をしている中で出合ったのが、クルマ買取りハッピーカーズでした。

第一印象は、純粋に「面白そうだな」でした。車に携われますし、鎌倉に貢献するという私の希望も叶えてくれます。結果論ではありますが、広告業界で学んだ集客における考え方や洗車のスキルも、クルマ買取りハッピーカーズのビジネススキームであれば生かせるので、過去の経歴がすべてつながったともいえます。


初月に買取れるオーナーばかりではないようですが、私の場合は**1週目で3台、**

最初の1カ月間では合計7台買取れました。

「最初の研修までに、買取り希望者から3台分の車検証のコピーをもらってくるように」というお達しが、ハッピーカーズ社長の新佛さんから直々にあったのです。身内を頼ったり近所の人や知り合いに声をかけたりして、なんとか3人見つけたのですが、実は新佛さんの遊び心（？）だったようで、この指令は私にしか出ていませんでした。

いずれにせよ、開業当初から好スタートを切れたわけです。初月の残りの4台は、本部からの紹介と一括査定サイト経由での買取りで積み上げたように記憶しています。

以降、毎月たいていは7台ペースで買取ることができ、**半年後には10台に増えて100万円の粗利を達成**し、一つステージが上がったように感じました。

とはいえ、集客は簡単ではありませんでした。初期は一括査定サイト経由での買取りがメインだったものの、申し込みが入るまでは待っているしかなく、査定や買取りの少ないころでは暇になってしまいます。

私が加盟したころはハッピーカーズが立ち上がってまだ2〜3年目で、オーナーは20人ほどでした。そのほとんどは経験が浅く、教えてもらえるような状況ではありませんでしたので、本部にたくさん質問するなど自ら動いて、一つずつ解決するしかありませんでした。

幸い、同期がポジティブなマインドの持ち主だったため、**お互いの状況を共有しながら試行錯誤することで成長できた**部分もあります。

コロナ禍に困惑したのは中古車買取り業界も同様で、仕事がピタリと止まったときには、今、何をすべきかをオーナー同士で話し合うべく、FC本部主催でオンライン会議を開きました。

現在、加盟店の数が100以上に増えているのは、辞めない人が増えた証拠。成功するためのノウハウを得られる土壌が整った今、私たちオーナーの環境は当時よりもいい状態になっているのではないかと思います。

ちなみに、一括査定サイトは1年で辞めました。そもそも価格だけで決まる世界に好感を持てませんでしたし、激戦区では1台に対して8社から見積もりが届くような状態なのです。薄利になりがちですし、交渉も大変でした。

そこで、広告代理店で培ったベースを生かしながら、地元メディアへの出稿や、グーグルマップのMEO対策、地元への看板広告設置など、さまざまな集客方法を駆使するようになりました。

今では、一括査定サイトを利用せずとも、月平均10～20台、**繁忙期には30台ほど買取れています。**一人でやっているので、30台買取る時期はかなり忙しくなりますが、ありがたい限りです。

ただ、赤字が出る取引も年に2～3回はあります。原因はまちまちで、外車を買取るときに、右ハンドルと左ハンドルで価格が異なることを分かっていつつも、うっかり見落としてしまったこともありましたし、ユーザーの無理な希望金額に「坂野さん、頑張って」と言われ、断りきれずに買取り、やっぱり赤字だったというケースもあります。

しかしそれでも、ハッピーカーズFC店の経営は、心をつかんで離しません。生活者に向き合う仕事ですし、現場で現金を渡すこともできるため、取引相手に面と向かって喜んでもらえます。そもそも脱サラしたときに希求していた、**「ありがとう」という言葉をたくさんもらえている**ことは、何よりの励みです。

事業の成長も大事ですが、「車を売るならハッピーカーズの坂野さん」と地元の方々に想起してもらうことが、今の私の目標です。

FCオーナーになってから、**自由かつ豊かに生きられている**実感も得ています。無店舗で仕事をできるので、携帯電話の電波さえあれば開店状態でいられます。

妻は会社勤めをしているのですが、子どもが保育園で発熱したときには、私がお迎えに行けます。時間の融通が利くことは、私だけでなく家族にとっても好作用があります。

もちろん、自由には責任が付きものので、セルフマネジメントが必要にはなります。ただ、その状況さえ楽しめる人であればハッピーカーズはおすすめです。

今の会社や仕事に不満がある人、日々に面白みを感じない人がいるのなら、門を叩いてみてはいかがでしょうか。

困難に立ち向かい事業をどんどんスケールアップ

クルマ買取りハッピーカーズ® 豊明店　近藤 康充さん（41歳）

FC加盟時：未経験
FCオーナー年数：2年目
平均買取り価格：50万円前後がメイン
1台あたりの平均利益：約8万円
月間買取り台数：18台（目標20台）
新規買取り比率：約90％
専業or複業：本業（別の複業あり）

私は、中古車関連の仕事は全くの初心者ですので、クルマ買取りハッピーカーズのFCに加盟するに当たり、「中古車の勉強が必要だ」との思いから陸送会社でのアルバイトを始めました。その関係で、運行管理をはじめとしたさまざまなサポート役として、月2、3回、今でも手伝いを続けています。

陸送会社からは、車種にまつわることや買い控えなどのリアルな情報を得られたり、不動車や販売車両の輸送を行ったりと、**中古車買取り業との相乗効果を感じています。**

もともとは物流会社に勤め、物流センターや輸配送の管理部門、人事担当など17年間にわたり、さまざまな部署を経験しました。人事担当時に社員の成長や人生を考える仕事をしていた際、「そもそも自分は？」と、もともと独立意欲があったことを思い出したため、「より明るい未来へつながっているのはどの道か？」と考えつつ独立支援サイトを開き、自分の得意なことや好きなテーマで調べてみたのです。そこで出合ったのが、ハッピーカーズでした。

新佛さんのインタビュー記事を見ると、ユーザー目線を大切にする理念に共感するとともに、人生を豊かにすることに重きを置いた価値観に憧れを覚え、「これだ」と確信めいたものを感じました。

もちろん他の業種のFCも調べましたし、一人で開業できることをウリにした清掃業の会社にも問い合わせて話を聞きました。しかし、いまいちピンとこず、**ハッピーカーズだけが輝いて見えた**のです。もともと車が好きで、前職の物流会社も車好きがベースとなり入社したことを思い出し、FC加盟を決意しました。

加盟後は簡単に売り上げが立ったわけではありません。開業と同時にフリーペーパーへの広告出稿と一括査定サイトの利用を始め、その後、チラシを撒き始めましたが、最初の1台を買取れたのは開業してから30日後のことでした。それも古い軽自動車で、利益はほとんど出ませんでした。

利益の出る買い方とはどういうものなのか、どうすれば買えるのかを自分なりに考えて試行錯誤が求められました。開業2カ月目には高値の車を買えたものの、相場を読み違えてしまい、**１００万円以上のマイナスを出してしまったことも。程なくして、軍資金はほぼゼロになりました。**

事業の成長スピードが速い方は、赤字の期間なく初月からロケットスタートし、１００万円の粗利を上げる人もいると聞きますが、私は正反対のタイプでした。

それからも価格の低い車を買い続けましたが、大した利益は出ません。**最後の手として、自分の車を手放すことにしました。**家族に打診し、リセールを考慮して購入していたアルファードを売って軍資金とすることに。そこから買える車の幅が広がり、加盟してから半年後には、ある程度の利益を出せるようになりました。

うまくいかない時期を通して、買っていい車と悪い車、無理をしてはいけないシーンを学びました。大きい利益を得られる車に出合うというのは運の要素もありますが、本部に相談したり懇親会に参加して先輩に成功事例を聞いたりしてはすぐに試し、高く売るために洗車、室内清掃、ボディ磨きなどや販路拡大の努力は惜しまず、売買についてさまざまな打ち手を施した結果、今があります。

現在は、月間の平均買取り台数は18台ですが、粗利１００万円を目指し、20台の買取りを目標にしています。

開業2年目ではまだリピーターは出てきませんので、新規の比重が高く、販促費も毎月40～50万円ほどかかりますし、洗車の道具代に燃料代、保険料、買取り車の修理費など雑費もありますから、まだまだ活動量を増やさなければならないときだと感じています。

グーグルマップからの流入も看過できないと聞きますのでＭＥＯ対策も必要ですし、５年、10年先の社会を見据えるとチラシの効果が薄れるだろうと予測できるため、中長期的な目線で集客を考えることも大切だと思います。

目下、取り組んでいるのはＭｅｔａ広告の仕込み。即効性はなくとも、将来的に効いてくるだろうとの期待を込めつつ進めています。

ハッピーカーズのＦＣ運営を成功させる上で最も大切なのは、**ユーザーとの関係性をいかに築くか**ということではないでしょうか。関係性を重視したスタイルは、一人オーナーだからこその強みでもあると思います。

関係を築くためには、何より話を聞くことが大事。ひと口に車といっても、家族のためなのか遊び目的なのか仕事の手段なのか、ユーザーによって用途はさまざまです。

高校生のお子さんのいる方が10年乗ってきた車を手放すのなら、「小学校低学年からお子さんを見守ってきた車ですね」と言うこともできますし、仕事の手段として使っていたのであれば、現場系なのか管理系なのかは話をする中で分かりますから、**どのような使い方をしてきたかに想像を膨らませることで、相手の気持ちにフィットする言葉をかけられます。**

今思うと、聞き出して寄り添うスキルは物流会社の管理や人事を担当していたときに培われたもので、異業種の経験であっても生きることがあるのだなと感じます。とはいっても、買取りの現場ではそう難しく考えることもなく、**車の査定をするというよりも「楽しくコミュニケーションをしたい」**、その思い一つで向き合っているようなところがあります。

大変な時期もありましたが、**自分なりに目標を設定して頑張れば報われることを、身をもって知りました。**

10万円、20万円の粗利を出すのが精一杯なときは、100万円は非現実的な世界のように感じられましたが、行動しながら少しずつ知識を蓄え、小さい経験を重ねていくうちにここまで来ることができました。

人のせいにしない素直な人、自分より相手の利益を優先する心のある人であれば、きっとうまくいくと思います。

中古車買取りでさまざまなユーザーに対峙する中で、今まで見えていなかった社会の側面に気づけるようになったこともハッピーカーズのFC加盟によって得られたものだと考えています。

ユーザーの中には、免許返納を理由に車を手放そうと考える方もいて、「車がなくなるからバスで買い物をする」と言っている方がいましたが、バス停が遠いなどの理由で、必ずしもハッピーな未来が待っている人ばかりではないことを知りました。

社会福祉協議会隣接の福祉法人様から買取りの依頼があったときは、赤い羽根募金や子ども食堂の告知など、普段見えていなかったものが目に入り、「協働はできなくとも、募金だけならできる」と思いましたし、障がい者向けの施設に勤める方と取引したときには、休みなく働くという過酷な現実を目の当たりにしました。

地域の中に、知らない世界がこれだけあるという事実は、私にとって大きな気づきです。今後、ハッピーカーズの事業を拡大することに加えて、**地域の中で志を同じくする方とのネットワークを築き、課題解決をしていく**ことも私の目標の一つになりました。

未経験ながら本部の手厚いサポートを受けて大成

クルマ買取りハッピーカーズ® 和歌山田辺店　高岡 肇さん（60歳）

FC加盟時：未経験
FCオーナー年数：10年目
平均買取り価格：約30万〜40万円
1台あたりの平均利益：10万〜30万円
月間買取り台数：12〜15台
新規買取り比率：約50％
専業or複業：専業

もともとは求人関連の大手企業で、長い間営業をしていました。ある時、社内で早期退職の募集があり、転職したり独立したりする人が増えたことがありました。早期退職を選択した中の一人に、アフリカや中東、アジア各国への車の輸出業に転向し、うまくいっている人がいたのです。

耳なじみのない仕事であったためか、気になって詳しく話を聞くと、**「日本の車は海外で人気が高い」**ことが分かり、興味を抱いたのが、私にとって中古車買取り業との最初の接点になりました。

営業という仕事柄、物を売る仕事に対する自負があったからか、何となく私にもできるだろうという根拠のない自信を抱きました。

しかし、輸出となると海外のバイヤーとつながる必要がありますし、そもそも英語は苦手です。どうしたものかと思いつつ独立支援情報誌のページをめくっていたときに、クルマ買取りハッピーカーズの記事と出合いました。

資料請求をすると、新佛さんと直接話をする機会がいただけました。**年齢的にも最後の挑戦になる**と思いましたが、さまざま話を聞く中で「これに賭けよう」と腹が決まり加盟しました。

私が加盟したのは、ハッピーカーズが生まれたばかりのころですので、不安がなかったと言ったら嘘になります。当時、稼働しているオーナーは私を含めて3人のみでした。しかしよく考えると、私たちのFC経営というのは、**自分で買いさえすれば儲けが出る仕組み**です。それならば、できることにフォーカスして動くだけだと思いました。

とはいえ、自動車業界は全くの未経験ですし、最初は車の名前さえまともに知らない状態でしたので、買えるようになるまでは自分なりに努力しました。

本部に問い合わせて助言を求めることも1日何回もありましたし、今振り返ると、取るに足らないような内容もあったと思いますが、それでも本部の方々は全力で対応してくださいました。

いろいろ教えてもらった中でも、**中古車整備工場などに営業し、買取る方法はとくに学びが大きかった**です。待っていても、個人からの依頼はすぐにたくさん来るわけではありません。中古車整備工場などの店を毎日ひたすら回り、「車を買います」と言い続けました。

業者の開拓は、会社員時代に行ってきた営業経験の延長線上のような感覚もあり、スムーズに進められたように思います。

ＦＣ加盟直後は神奈川に住んでおり、実家のある和歌山への引越しを検討しているところでした。本部の方に打ち明けると、**「横浜や川崎は案件も多い分、競合も多い。対して和歌山は、案件は少ない分、競合も少ないので、自分で開拓していく意思があれば面白くなりそう」**と助言を受け、すぐに家族に相談し単身赴任を決めたこともありました。

初期投資もかかっていますし、早く成果を上げるべく、受けたアドバイスは死に物狂いですべて実行した記憶があります。

おかげさまで、最初は月1、2台でしたが、**1年経過するころには毎月コンスタントに買えるようになり、3年目ぐらいから事業が安定する**ようになりました。

私は現在も、一人で運営しています。人を雇えば買取り台数を増やせて儲けも大きくできるだろうとは思いますが、**儲けは全部自分のもので、成果が上がらなかったときも自省するだけでよし**という気楽さは、一人でやっていなければ得られません。

ただし、アルバイトだけは単発で雇うこともあります。和歌山は公共交通機関がそこまで充実しておらず、引き取りに行く際、足がないことがよくあるので、単発のアルバイトをしてくれる人にお願いしています。

私が思うハッピーカーズの良さはいろいろとありますが、**一番はオーナーの皆さんがオープンで、何でも包み隠さず話してくれる点**だと思います。

私は初期のメンバーなので本部の方々に頼ってばかりでしたが、今では１００人以上の仲間がいて、成功している人もまだ成長途上の人もいますが、さまざまな方の話を聞けるのは魅力だと思います。

始めたばかりのころは期待もありつつ不安のほうが大きくて当たり前ですが、ハッピーカーズには面識がないオーナー同士でも連絡しあえる風土がありますし、尋ねられたほうも、自身の体験談を交えて気軽に教えてくれることばかりです。私のところにも「今度、新しく始める者です」と突然電話がかかってきて相談を受けることもあります。

各地でオーナーの集まりも開かれていますし、**積極的に動いているオーナーは成功している**ようにも感じています。

フランチャイズとはいってもルールにそこまで縛られておらず、自由度が高い点も魅力ではないでしょうか。

ハッピーカーズを始めて、利益の大きさには驚かされました。私の場合、心配性なところがあり高級車を買取ると不安でならず、一度に大きな利益を得るのは性に合わないため、毎月コンスタントに買取り台数を確保しなければなりません。しかし、**頑張った結果はいい形で残りますし、何よりユーザーに感謝されるため、やりがいは大きい**と思います。**ビジネススキームもシンプルで分かりやすいですし、キャッシュフローもよく、資金が寝ることもありません。**

私自身、自動車業界未経験でも問題ありませんでしたし、普通に営業をできる方であればこの仕事は向いていると思います。もちろん査定に行けば必ず買えるわけではなく、断られることも案外あるので、やり続ける意志を持っていることは前提になります。

今の私の目標は、月間の利益を1・5倍にすること。この目標を何年も掲げて取り組んでいますが、毎月コンスタントに達成することができていないので、もうひと工夫必要かと思っています。

しかし、それ以外で求めることはありません。一人だからこそその気楽さがあり、

「8月は暑いので仕事を少なめにする」なんて自由な働き方もできています。

何より買取ることそのものが楽しく、健康で体が動く限りは続けていこうと考えています。

信頼関係の構築を最優先！
7年経つもクレーム「ゼロ」

クルマ買取りハッピーカーズ®仙台店　風間 勝さん（57歳）

FC加盟時：未経験
FCオーナー年数：7年目
平均買取り価格：約50万〜70万円
1台あたりの平均利益：5万〜10万円
月間買取り台数：10〜15台
新規買取り比率：約30％
専業or複業：専業

クルマ買取りハッピーカーズのＦＣオーナーになったのは、50歳のときです。それまではパチンコ店に長いこと勤務していましたが、ある時ふと、人生の転換点のように感じて新しいことにチャレンジしたいという思いが湧きました。**50歳であれば、もし失敗しても他の手段に転じてやり直すこともできる**、そんな思いで独立支援雑誌を眺めていたときに、目にとまったのがハッピーカーズでした。

第一印象は、「買うってなんだろう?」という漠然とした興味です。車に限らず「物を売る」業種は世の中にたくさんありイメージしやすいですが、仕入れの経験がなかったこともあり、買取るということがどういったことなのかがいまいち分かりませんでした。あいにく、車が好きということもありませんでしたし、むしろ「車は単価が高いので、初期投資がいりそう」という気持ちを抱きながら、面談に申し込んだことを覚えています。

新佛社長との面談では前向きな言葉をかけていただいたものの、初期費用や運転資金としてそれなりの額が必要になりますし、準備資金への心配は拭えません。不安を打ち明けると、「私に任せてください」と言って、**融資の話がスムーズに進むためのサポートまでしてくれました。**

初めて買取ったのは、FCに加盟して1カ月後のことです。最初はとにかく営業活動が大事だと思っていましたし、研修で「中古車買取り業者を回って買取る方法がある」と聞いたため、加盟と同時に、仙台を中心にさまざまな中古車買取り会社を怒涛のごとく回り始めました。その中で、たまたま引き合いがあったのが、最初の1台でした。

ただ、**私が狙いを定めていたのは、個人からの買取りです。**

中古車買取り業は大手の力が大きいため、大手に勝つための策を見出すことが最重要だと認識していました。そこで私が取り組んだのは、大手との違いを明らかにすべく、それぞれの特徴を書き出すというものです。結果、判明したのは、**「私たちの強みは横のつながりと信用である」**ということでした。

横のつながりや信用は、業者よりも個人のほうが生きますし将来性があります。

初期のころは、業者を回るだけでなく、一括査定サイトを活用してもいましたが、個人ユーザーとの接点を中長期的に増やすべく、ゴルフや飲み会などさまざまなところに顔を出しました。

会う人、会う人に、名刺を渡して「車を買取っています。何かありましたらご相談ください」と伝えて回るうちに、個人ユーザーからの買取りが少しずつ増えていき、**４年目に差しかかったころから、個人ユーザーがメインの取引先になりました。**

ハッピーカーズの業務はすべてが初めての体験でしたので、さまざまな学びが必要でした。最も戸惑ったのは、オークションでのやりとりです。出品票に書く内容次第で買い手の反応が変わるといったことも、経験しながら一つひとつ学びました。

幸いなことにハッピーカーズには、車業界出身の方がたくさんいるため、電話したり会いに行ったり、時には授業料と思ってご飯をご馳走させていただいたりして、中古車にまつわるあれこれを教わったこともありました。
そういう意味で、**変なプライドは持たず、素直に教えを請う貪欲さ**も、FCオーナーに必要なスキルといえるかもしれません。

全くの未経験で飛び込んだ世界。しかし、過去の経験が生きていると感じることは多々あります。最も役立っていると感じるのは、接客とネット知識です。
ネット関連の知識は、集客面で役に立っています。ネット上の集客ツールはさまざまあり、すべてに手を出したら販促費がいくらあっても足りません。前職で培った経験があるからこそ、新規ユーザーの集客を効率化できていると思っています。

ハッピーカーズFCの方針に則った接客スタイルを貫けば、評判のいい買取り屋さんとしてさまざまな方に口コミしてもらえますし、紹介された側は「○×さんに紹介してもらってよかった」と感謝するほどです。

特に高い車を狙っているわけではありませんが、私の取引の中で一番多い価格帯は１００万円以上です。一番高いと５００万～６００万円になることもありますが、安くても10万～50万円の価格帯です。利益の上下は、必ずしも買取り金額に比例するわけではありません。

中古車投資で大事なのは、ユーザーとのコミュニケーションです。**私はこれまで１０００台近く買っていますが、１件もクレームがありません。**事業の要である接客をすべて自分で行い、信用を築いているからこそ、成し遂げられていることであるという自負があります。

万一、誰かにコミュニケーションを任せて信用を失うようなことでも生じたらと思うと、人を雇うことができないのです。何かあったらブランドに対する裏切りになるという気持ちもありますし、私と同じ熱量でユーザーに向き合える人はそう容易く見つかるものでもありません。

いずれにせよ、**人間関係を築き、じっくり稼ぎたい人におすすめしたい**と思います。

心身の健康と自由な時間が手に入るのが魅力

クルマ買取りハッピーカーズ® 町田店　黒田 仁さん（56歳）

FC加盟時：経験有
FCオーナー年数：7年目
平均買取り価格：約20万円
1台あたりの平均利益：数千円〜20万円までさまざま
月間買取り台数：10〜15台
新規買取り比率：約70％
専業or複業：専業

クルマ買取りハッピーカーズのＦＣに加盟する前は、国産車のディーラーに22年間勤務していました。店舗の営業担当から店長になり、本部も経験しましたので、車にはそれなりに詳しいほうだと思います。

接客のスキル、車販売やメンテナンスの知識などは今の仕事にダイレクトに生きていますね。

ただ、私はもともとハッピーカーズを知っていたわけではありません。むしろ前職でのマネジメント業務に疲れたところがあり、「会社勤めを辞めて独立しよう」「車業界から離れよう」と考えたのが起点です。

独立するならＦＣ業がいいかと思い、独立支援情報誌を読んでいる中で存在を知り、候補の一つにはしたものの、車業界から離れたい気持ちが強く、飲食業界のＦＣに加盟しようという考えでいました。

そんな私の気持ちを変えたのは、**ハッピーカーズＦＣオーナーの方々の熱量でした。**私が面談を申し込んだ当時は、加盟店の数がそこまで多くなく、新佛さんから直接この仕事の良さを教えていただきました。さらに、他の加盟店との面談の機会を設けてくれたのです。

中古車買取り業をすることへの誇りや自信、ユーザーのためにという思い、そして何より**生き生きと働いている姿に背中を押され**、私も一加盟店となる腹が決まりました。

ハッピーカーズには国産・輸入車含めディーラー出身の人がさまざまいて、考え方はオーナーごとに変わりますが、私には「ディーラー時代のお客様からの買取り依頼だけは、お断りすべき」という考えがありました。

前職で築いた人のつながりや知識・経験は財産ですが、新規の方のみ取引するというスタンスは、今なお変わっていません。

それでも**初日から買取れたのは、一括査定サイトに登録したため**です。ホームページを開設しチラシを撒いたところで、すぐにユーザーから問い合わせがあるようなことはないだろうと思い、一括査定サイトに登録すると、問い合わせがどんどん来て、開業初日に１台買取れました。

しかし、一括査定サイトは４カ月で辞めました。大手の業者と一緒に自宅へ訪問しての査定になるため、ユーザーが参ってしまっていて、向き合うだけでもつらいものがあったためです。

他の会社の方が、ガツガツした口調でユーザーに話をする姿も見るに堪えませんでしたし、ユーザーの中には中古車買取り業の人間全員を懐疑的な気持ちで見る方が多く、査定の最中で泣いてしまうシーンにも出くわしました。私がしたいのは前向きな関係性ですし、一括査定サイトは私には合わないと感じました。

それでも、一括査定サイトからの買取りは、ＦＣオーナーになりたての方にはおすすめではあります。特に、**異業種からの参入であればスキルを磨く必要がありますから、早くたくさん査定してたくさん買取れる一括査定サイトは有用です。**

向き不向きもありますし、一括査定サイト経由の買取りを続けているオーナーも存在しますから、まず試して相性を確かめるのがいいのではないでしょうか。

私の場合は、一括査定サイトから脱却すべく、野立て看板をあちこちに立てたりチラシを撒いたり、反応を見てデザインを工夫したりと、思いつく限りの集客方法を試しました。**郵便局や市役所へ赴き、封筒を置いてもらえるようお願いしたこともあります。**

ダイレクトな問い合わせで一定の査定数を確保できるようになったタイミングで、一括査定サイトはスパッと辞めました。

ちなみに、業者から積極的に買うことはありません。一般ユーザーが主な取引先なので、20年ほど経っていてディーラーから断られ、むしろ**処分費を請求されるような車を5000円で買取るようなこともあります**し、ユーザーにとってメリットがあるかどうかを最優先にしています。

ハッピーカーズの一番の良さは、**加盟店同士で助け合う文化が醸成されている点**だと思います。始めたばかりのころだけでなく、事業を進めている途中でもつまずくことはあって当然でしょう。

他のFCでは、加盟店同士のやりとりを禁じているところもあるようですが、私たちの場合はいつでも仲間に電話してOKです。独立すると孤独感を覚えがちですし、気が会う人同士、話をできる場があるのは貴重ではないかと思います。

また、SNSを使うこともできますし、毎月あちこちで懇親会が開催されているので、参加すると知り合いが増えます。

隣り合う店舗同士でユーザーの奪い合いをしたという話は聞いたことがありませんし、むしろ仲間と連携する加盟店ほど伸びているように感じます。

オーナーの悩みで多いのは、「なかなか買えない」「どうすれば効率的に集客できるか」の2つだと思いますが、車を買えるかどうかは自分次第です。

中古車買取り業は競合他社が手強いですし、高く買えばいいというものでもなく、適正価格で買うことが難しいのです。金額以外のもので、ユーザーとのつながりを築かなければなりません。

そこで大事になるのが、**説明の丁寧さや親切さ。**そして、**ユーザーの話をよく聞くこと**も大切だと思います。

一方的に金額だけを伝えるのではなく、どの辺りに不安を感じているかを尋ね、

「大切に乗ってきた車なんですよね」と言って相手の気持ちに寄り添い、車を引き渡した後の流れまでしっかり説明すること。つまり、**「この人に売ろう」という決意が固まるかどうかは、言葉だけでなく気持ちのやりとりがあるかどうかにかかっているる**のです。

丁寧にコミュニケーションを取っても、査定に要する時間は長くても30分です。大手の業者は車をチェックするだけではなく、上長との電話のやりとりを何度も往復させるため、1時間や1時間半はいて当たり前。一方、査定の現場にいるのが即断即決できる決定権を握っているオーナー本人であるのは、私たちの強みですし、ユーザーの安心感にもつながっていると感じます。

FCオーナーを始めてから、会社員時代と比べると、自由な時間がかなり増えました。働きたい時に働けますし、**1日で仕事に充てている時間は、ならすと3時間ほど**だと思います。

睡眠をしっかりとれるようになりましたし、ジムに通ったりして適度に運動することもできているため、健康にもなりました。以前は毎月風邪をひいているようなこともありましたが、ここ7年間で風邪をひいたのは一度きりです。

今後も健康に気を配りながら、今の仕事量とペースを維持して、心豊かな毎日を過ごしたいと思っています。

独自のスタイルを貫き全国から依頼殺到！

クルマ買取りハッピーカーズ® 伊勢崎店　撹上（かくあげ） 篤さん（48歳）

FC加盟時：未経験
FCオーナー年数：6年目
平均買取り価格：200万円程度
1台あたりの平均利益：5万～10万円
月間買取り台数：20台程度
新規買取り比率：約50％
専業or複業：専業（開業当初は複業）

私の話は、どこまで参考になるだろうかと、少々戸惑うところがあります。というのも、他の方が決して採用しないスタイルで買取りをしているからです。

それは**「車を見ずに査定する」**という方法。おそらく業界中を探しても、現車を見ずに査定しているのは、新佛さんを除いて日本中でただ一人、私だけではないかと思います。

車を査定する際に、現車を見る意味を感じられないのです。話を聞き、必要な場合は、写真をもらえば、実物を見ずとも値付けはできます。それでも「実物を見ないと査定できない」というのは、ユーザーを信じられていない証拠ではないでしょうか。

現地へ足を運ぶのは、私には裏を取りに行っているだけにしか感じられません。裏を取るという行為は、「車を通じて、世の中をハッピーに」というクルマ買取りハッピーカーズの理念に合致しているようには思いませんし、私は何より、性善説に基づいてユーザーと向き合いたいのです。

「隠す人がいるから見ないといけない」という主張があることも承知していますが、人を疑いたくないという気持ちが私の根底にはあります。**騙すぐらいなら騙されたい。**そう思っています。

かくいう私も、最初から見ずに査定するスタイルだったわけではありません。私のここまでの道程を、簡単に紹介しましょう。

私は新卒直後の2~3年こそ会社勤めをしていましたが、親が営んでいる建設業・不動産業の会社の後継になるべく、程なくして退社し、親の会社に勤め始めました。

しかし私は若いころから車が好きで、**車の仕事で独立したいという思いを捨てきれないでいた**のです。そろそろ親から私に代替わりするころかというときに夢を諦めきれず、最後のチャンスと思ってネットで調べ、クルマ買取りハッピーカーズを知りました。親に打診すると、意外にも「やってみろ」と許可が下りました。もしかしたら、きっとうまくいかないだろうと思ったのかもしれません。

本部から案件をもらい、開業後1週間ほどで1台買取れましたが、当初は親の会社と二足のわらじで取り組んでいましたし、コロナ禍に突入したこともあって、初動は決して芳しくありませんでした。

最初に感じた困難は集客面で、一括査定サイトを活用しつつ細々と買取っていました。本格的に始動したのは開業から1年後、月間の粗利が１００万円を超えたころではないかと思います。

転機となったのは、本部から石川県での買取り案件の相談をもらったことです。ハッピーカーズの店舗は今でこそ１００店舗を超えていますが、私が始めたばかりのころは加盟店が少なく、全国的にカバーできていませんでした。しかしインターネット社会ですので、加盟店のないエリアから打診が来ることだってあります。

群馬から石川へ、無料で出張査定に行くことは困難ですので、ユーザーからの情報のみで値付けをして買取ることにしました。すると、何も問題なく、とても喜んでいただけたのです。現車を見ずとも査定できることが分かってからは、見ないで査定するのが私の基本スタイルとなり、今では福井と熊本を除く45都道府県で買取り実績を築くまでになりました。

高い車から安い車まで、値段にかかわらず満遍なく買取っています。仲間からは「大損になることもあるのでは」と心配されもしますし、実際に買取り価格より低い売値になることもありますが、**「買わなければよかった」と思ったことは一度たりともありません。**

例えば**10万円の損が出たとしても、そこから3人につながり5万円ずつ利益が出たら結果的にプラスですので、話がつながりさえすれば利益が生まれます。**

そして何より、車を買取ることにはお金では得られない喜びがあります。人から必要とされる喜びは、何にも代えがたい。そう思っています。

多くの方は査定前に車を見られないと不安を感じるのでしょうけれど、「車は見せるけど持ち主は教えない」と言われるほうが、私はよっぽど怖く感じます。**その車について、世界で一番詳しいのは持ち主です。**そして、私も完璧ではありませんので、見間違いをしないとも限りません。ユーザーにとってプラスとなるならまだしも、マイナスになるような見間違いをしたら申し訳ないですし、迷惑をかけることになります。

「修復歴なしと聞いていたのに事故車だった」と落胆する人もいますが、大事なのは、ユーザーが事故車だと思っていたかどうかではないでしょうか。

事故車を事故車ではないと言われて買っていたとしたら、**手放す際に事故車だと気づくのは嫌でしょう**し、中古車業界の人は信じられないという気持ちも湧くだろうと思います。だからこそ、私はユーザーの自己申告に対してお値段を付けさせていただいています。

ただ、**その人と取引させていただきたいかどうかだけは、しっかり見極めるようにしています。**一括査定サイトで月５００件の問い合わせを受けていた時期は、さすがにすべて対応できていませんでしたが、いい取引になるかどうかはお互いの相性にもよりますので、電話のコミュニケーションを大切にして、**力になりたい相手かどうかを見定め、**僭越ながら相手を選ばせていただいています。現状では、お断りすることのほうが多いくらいかもしれません。

私の場合、父から「お前は長男なんだから、自分だけ良ければいいという考えはやめて妹や弟のことを考えてやれ」と言われて育ったこともあり、相手のことを考えられない人とは合わないのです。

「撹上さんも利益を取ってもらった上で、少しでも高く買取ってもらえるなら」と言っていただけたりすると、逆に少しでも高くしてあげたいと思ってしまいます。全国に出向くわけですし、買った後は私自身が乗って帰るわけですから、私は命懸けでこの仕事をしています。

「命をかけるとは大げさな」と思うかもしれませんが、例えば鹿児島や青森から乗って帰ることもあるわけですし、運転の負荷や危険性は一定程度あるでしょう。毎回、死ぬかもしれないという覚悟をした上で出向いていますし、だからこそ、**「この方のためなら死んでも悔いなし」**、そう思えるかどうかが大事なのです。

私がお力になりたい相手かどうかは、ほとんどの場合、第一声で分かりますね。

電話での洞察力は、本部からも評価されるところです。

お力になりたいと思えば、「相手に喜んでもらえればそれでいい」という発想に切り替わります。どんな状況でも利益は無関係となり、「何とかします」と言って、車の状態などはそっちのけで飛び込んでしまいます。

この辺りも、世の中的には「まねされるから教えない」と自らのノウハウや知見を出し渋る人がいる中、私にしかできないだろうと思うポイントでもあります。

長生きをして今の仕事で生涯現役を貫くことが、今の私の目標です。**泣かされている方を一人でも多く救うことが私の務め**と思い、最期まで人のためになることをし続ける所存です。そして何よりハッピーカーズに出会えて、本当に人生が充実し、豊かになったと実感しています。

おわりに

クルマ買取りハッピーカーズもいよいよ創業から10年になります。これまで多くの加盟店オーナーと出会い、また別れも経験してきた中で、気がつけば仲間と共に大きく成長していました。

加盟店オーナーを豊かにするためにやれることは全部やる。働く人一人ひとりが豊かになるためにはどうするべきか。まさにそこに注力してやってきた10年でありました。

クルマ買取りハッピーカーズの真価は、〝**自由を手に入れられる**〟という言葉に尽きるのではないかと思います。中古車投資でうまくいけば、本書でも記してきた通り、経済的な自由はもちろん、時間的な自由も得られます。

「ハッピーカーズって、普通のクルマ屋さんと違うよね」「ハッピーカーズって、フランチャイズっぽくないよね」。最近こういった声をよくいただきますが、それは実は当然なことなのです。

そもそもハッピーカーズは創業時より中古車販売店としての利益獲得を目的としていません。

大手中古車販売企業を見てみると、その多くが、中古車の買取りから始まり、小売り、販売で事業を拡大し、従業員を増やし、保険、整備、ローン斡旋、トータルメンテナンスと総合的にクルマを中心に利益を獲得していくことで事業拡大に繋げるというのがセオリーです。

ハッピーカーズは何が違うのか。そもそも創業者である私はクルマ業界に詳しくありません。業界経験も少しばかり中古車輸出をやったことがあるくらいで全くの未経験です。どちらかというとその対極ともいえる大手企業のブランディング、理念づくり、採用など、クリエイティブを軸としたBtoBのコンサルティングを行ってきた人間なのです。

そうした私の経験からの強みは、まさに**働く人一人ひとりを豊かにしていくこと、それぞれをモチベートしていき、働く人の可能性を上げていくことで企業価値を最大化させていくこと**なのです。その結果社会に新しい働き方を提案していく。

そして本当の意味での豊かな人を世の中に増やしていきたい。これこそが創業当初の目的なのです。

創業目的、理念が違うから行動が違う。行動が違うから結果が違う。だから他社が追随できない唯一無二の組織となり得るのです。

この経験と行動が経営者としてまさに今のハッピーカーズという事業にはまりました。行うことは買取りのみ、店舗なし、小売り販売は行わない。これを徹底することで、差別化がオーナー自身であることが明確になります。オーナー一人ひとりが豊かになることで、企業価値を最大化させていきます。

そして彼ら一人ひとりが熱狂的なハッピーカーズの当事者として現場の最前線に立つことによって同時にハッピーカーズのアンバサダーとして機能します。この熱量はカスタマーにも当然伝わっていきます。ここには従業員としての〝やらされ感〟は微塵も感じられません。オーナーはただ一人の経営者として、責任と決定権を持っているからです。だから信頼される。だから継続できる。

ブランドは、現場の人間一人ひとりで作られるのです。そして彼らを取りまとめてより強い組織にしていくことで、ブランドが醸成されていきます。それがつまり私たちフランチャイズ本部の仕事なのです。

本書の「中古車投資」というテーマから少し脱線しましたが、要するに中古車買取りなんか、オークションに口座があれば誰でも参入できるのです。その参入障壁の低さから有象無象の個人から業者が入り乱れて良貨が悪貨に駆逐されるがごとく、人を欺いてでも儲かればいいというような風潮も感じられることは事実です。だからそこにチャンスがあります。真っ当なことを真っ当に、継続していくこと。信頼を積み重ねていくこと。これを愚直にやってきました。

そしてそこで得た収益は加盟店オーナー一人ひとりが豊かになるような施策に再投資していくことを徹底的に行ってきました。

2020年には地上波全国ネット、主にキー局、ゴールデンタイムでのテレビCMの放送を開始しました。2024年には新作CMも制作し、さらに地上波、キー局、全国ネットを中心に放送回数を増やしています。またラジオCMでは2023年よりニッポン放送オールナイトニッポンへの提供を開始するなど、全国放送を中心に、多くの番組にもラジオCMを投入しました。これらすべてが企業のバリューを最大化させ、加盟店オーナーが成功できる土壌を醸成しているのです。

簡単に参入できるのが中古車投資のポイントですが、成功できる場所でやらないと意味がありません。まさにその場所こそが車買取りハッピーカーズなのです。

またハッピーカーズでは、Well-Beingをテーマに加盟店オーナー一人ひとりがより豊かな人生を歩めるよう、福利厚生的なサービス、例えば東京ベイコートやエクシブなど、会員制高級リゾートの利用が可能であることや、ゴルフ部などのクラブ活動要素も取り入れ、各地方でゴルフコンペも開催するなど、さまざまなオーナー向け特典も充実させています。「単に利益を追求するだけの人生なんか物足りない。もっとビジネスを通じて人生を充実させたい」。そう考える多くの方に、クルマ買取りハッピーカーズフランチャイズは選ばれています。

本書のテーマである〝中古車投資〟、まさにそこから、一度人生を振り返ってみて、将来本当に自分にとっての豊かさとは何かを考えるきっかけにしていただければ幸いです。

正直なところ中古車投資、いわゆるクルマの買取りは案外簡単です。クルマ業界全くの未経験だった私でも一人で、わずか数カ月で軌道に乗せることができたのですから。そしてあなたにはそこから10年、１２０人に及ぶ先輩オーナーたちが積み上げてきたノウハウやナレッジ、さらに豊富な広告出稿で醸成され続けているブランド力がバックアップしてくれます。

中古車投資の参入なんて簡単です。

問題はどこでやるか。

その選択こそが成功と失敗の大きな分岐点になることは明らか。

それでは良き人生を――。
機会があればお会いできることを楽しみにしています。

株式会社ハッピーカーズ 代表取締役　新佛 千治

新佛千治（しんぶつ・ちはる）

株式会社ハッピーカーズ代表取締役。メーカーに入社し、全国トップクラスの営業マンになるも、「自分の可能性をもっと広げてみたい」と退社。サーフィンで大波に乗ることを目指しハワイへ。帰国後は、新たにデザインの勉強をはじめ、未経験から広告業界に飛び込む。雑誌『広告批評』編集部にデザイナーとして入社し、のちにリクルート、リクルートメディアコミュニケーションズで大手企業の企業ブランディングに携わる。2005年にはクリエイティブディレクターとして広告制作会社を立ち上げる。その後、リーマンショック、東日本大震災などの世の中の環境変化に伴い、フランチャイジーとしてまったくの異業種である中古車輸出業へ新規参入。海外への販売ルートの開拓を視野に、中古車の輸出先となるアフリカのタンザニアに現地法人を立ち上げるも、治安の悪さから短期間で撤退。再びゼロから一人で中古車買取り事業をマンションの一室で創業。その翌年、2015年には株式会社ハッピーカーズを設立しフランチャイズ展開。2024年現在、売上40億円、扱い台数5000台、全国に110以上の加盟店を展開する企業へと成長する。

人生（じんせい）が劇的（げきてき）に豊（ゆた）かになる！
40代（だい）からの「中古車投資（ちゅうこしゃとうし）」

2024年11月8日　第1刷発行

著者　**新佛千治**（しんぶつちはる）

発行者　寺田俊治

発行所　**株式会社 日刊現代**
東京都中央区新川1-3-17　新川三幸ビル
郵便番号　104-8007
電話　03-5244-9620

発売所　**株式会社 講談社**
東京都文京区音羽2-12-21
郵便番号　112-8001
電話　03-5395-5817

印刷所／製本所　**中央精版印刷株式会社**

カバーデザイン　小口翔平+畑中茜（tobufune）
本文デザイン・DTP　西原康広
編集協力　ブランクエスト

C0036

ISBN978-4-06-537643-0